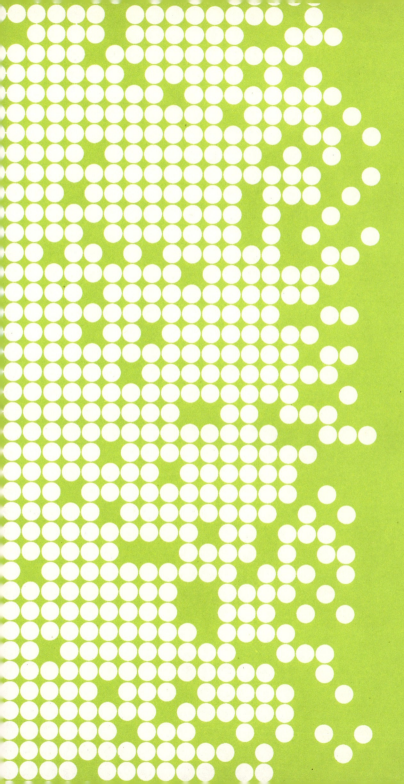

NATURAL
STONE
CONCRETE
CERAMICS
GLASS
ZINC
STEEL
ALUMINIUM
PLASTIC

材料悟语

装饰材料应用与表现力的挖掘

RIDM 清华大学美术学院
装饰应用材料与信息研究所

中国建筑工业出版社

卷首语

材料是建造的基础，材料的性能决定了建造的可能性，同时人们对于材料性能的认识也在实践过程中不断丰富和深化。设计是建造的前奏，设计是对建造的一种想象，这种想象由于有非常现实的要求，所以必须有一个坚实的基础，材料便成为设计师必须认真面对的基础元素之一。

材料有时是一种限定条件，有时又是一个好设计的出发点。材料性能的挖掘往往是由于设计师的努力，虽然当今的新材料层出不穷，新材料和新技术似乎完全改变了我们的生存环境，但仔细想来，常用的材料还是那么几种——石材、木材、泥土、玻璃、金属或者它们的替代物。我们的世界变得如此不同，说到底并非完全由于新材料和新技术，而是人们不停地在思考材料的各种可能性的结果。我们期待着新材料、新技术的出现，我们更应该注意已有材料的潜力。从科研的过程分析，所谓新材料、新技术的研发工作也必须基于人们对理想材料的性能需求，这种需求的提出也是思考的结果。

本书汇集了中国当代设计领域第一线的学者、设计师和材料研发者关于材料的体悟。这些文章或从材料发展、演变的历史出发剖析材料对于设计和建造的作用及意义；或从设计实践的经验出发，谈如何运用材料的感悟；还有直接解析具体实践的材料运用及其效果。本书的价值在于：首先，汇集了同装饰材料相关的多个侧面的专家，较为全面地反映了我们对材料的认识；其次，这些活跃在实践第一线的专家很多都以自身的实践为基础，对问题的理解和剖析比较深入和真实，绝无空泛之言；最后，这本书立足中国当代，从我们自己的现实条件出发来讨论问题，其成果更有针对性和现实意义。

设计是一门艺术，但设计不同于绘画和雕塑等艺术门类的地方在于，设计还要解决问题。设计师除了激情之外，还要有冷静的头脑和解决问题的智慧。材料既是设计的限制，也是设计师有力的工具。工具是死的，人是活的，人在创造活动中的主动性拥有不可估量的潜力，这是设计师怀有成就感的原因之一。作为解决问题的艺术，设计师必须面对问题，不同地域、民族或文化的人们，面临着不同的问题和现实需求，他们只能从自身的问题出发给出自己的答案。希望这本汇集了多方面专家思考成果的书，能为更多正在思考这些问题的人们提供一个参考，以众人的智慧推进我们建设自己的家园。美好的生活并非源于上帝的恩赐，而是人们自身努力的成果，在所有的努力中，第一步必须是思考。一个"悟"字，很好地说明了中国人对于思考的认识，从自身出发，用心去想，文字材料的趣味也颇有启发。

目录

1 第一章 物语 ....

2 第二章 悟语 ....

3 第三章 吾语 ....

郑曙旸	8–13	设计与材料
方晓风	14–31	材料的故事
杨冬江	32–43	室内风格与材料的演变
林　洋	44–55	从认识到认知——关于石头话题
杨　宇	56–71	材料与空间

王　琼	74–85	质地的表情和主题的隐喻
李朝阳	86–93	解读材料语言
李俊瑞	94–101	想说点儿什么——材料
梁　雯	102–111	物质世界，数字技术，设计和材料
涂　山	112–117	当代建筑物表皮材料使用的倾向——透明度和互动性
杜　昀	118–129	材料的善与美
王　伟	130–139	感悟材料——现代室内设计中的装饰材料

鲍杰军	142–151	穿透文化的内核——"天下无砖"下的瓷片设计新思维
崔冬晖	152–159	浅析中式餐厅中材料与室内设计的关系
赵　冰		
车　飞	160–169	超级砖——装修建筑学
马怡西	170–181	行政中心与礼仪厅堂设计——两项工程截然不同的设计手法和材料运用所引发的思考
邱晓葵	182–189	重塑装饰材料的视觉肌理

第 1 章

物语

- 郑曙旸
- 方晓风
- 杨冬江
- 林 洋
- 杨 宇

物语

设 计 与 材 料

>>> 郑曙旸

- 清华大学美术学院副院长
- 清华大学美术学院环境艺术设计系教授、博士生导师
- 中国建筑学会室内设计分会资深高级室内建筑师、副会长、常务理事、教育委员会主任
- 中国室内装饰协会资深室内设计师、常务理事、设计委员会副主任
- 中国建筑装饰协会常务理事、专家组成员、设计委员会主任
- 中国美术家协会环境艺术设计委员会副主任

》》 设计与材料

设计与材料的关系密不可分,没有材料设计只能是无米之炊。不同的材料可以代表不同的时代特征;不同的材料可以造就不同的空间样式;不同的材料可以营造不同的装饰风格;材料甚至可以左右设计的流行时尚;室内设计师运用材料如果能像画家运用颜料一样熟练,那么何愁好的设计不会出现。

一、材料与时代特征

用材料划分时代是一大发明:旧石器时代、新石器时代、青铜时代、铁器时代……说明材料与人类的生产方式与生产力的发展息息相关。

在工业革命之前漫长的年代中,建造房屋使用的主要是天然材料。有趣的是东方世界选择了木材作为建筑的材料,而西方世界则选择了石材作为建筑材料。木构造建筑以框架作为装饰的载体,从而发展出东方建筑以梁架变化为内容的装饰体系,形成天花藻井、隔扇、罩、架、格等特殊的装饰构件;石构造建筑以墙体作为装饰的载体,从而发展出西方建筑以柱式与拱券为基础要素的装饰体系。两种材料都以自身特质的变化,在发展中形成了不同时期的造型样式。可以说天然的石材与木材代表了古典样式的时代特征。

现代科学技术为人工合成材料提供了广阔的发展天地,我们面临的是一个琳琅满目异彩纷呈的材料世界。但是,最能代表这个时代的是钢材与玻璃。钢铁工业曾经是19至20世纪一个国家力量的象征。由钢铁冶炼技术支撑的各类钢材生产,为建筑业提供了营造空间的最大自由度,钢结构至今仍然是应用广泛的先进建筑构造。玻璃以其纯净的透明度作为最优的透光材料,随着制作技术的发展,刚度、厚度、单位面积尺度都有了长足的进步,与钢结构结合成为我们这个时代最具代表性的建筑特征。

物语

二、材料与空间样式

作为室内设计师总是希望自己的设计与众不同,个性十足。就室内设计的对象而言,这种个性的显现更多表现于装饰与陈设的范畴,要想在空间样式上有重大的突破却十分困难。因为室内设计总是受到建筑构造的制约,于是不得不把设计的重点放在界面的装修与陈设的艺术设计上。这也是装饰概念成为室内设计主导概念的原因。但是,如果有了新型的构造材料与构造方式就可能从根本上改变空间的样式,一旦材料与构造成为空间样式的主导造型要素,任何额外添加的装修都可能是多余的。我们注意到近十年来在世界上由工厂加工大型建筑构件来装配房间的建筑项目越来越多。最典型的例证是机场航站楼的建筑,仅中国境内的三个大型航站楼:北京、上海浦东、香港赤蜡角都是这种模式的建筑。材料与构造的更新使空间的样式发生了很大的变化,同时也为室内设计提出了新的课题。

20世纪中叶以来钢筋混凝土框架结构、钢材和玻璃在建筑上大量使用,为室内空间争得了发展的更大自由,空间的流动在技术上变成了可能。这是建筑史上一次革命性的变化,它促进了现代室内设计的诞生。而恰恰在这时,依附于建筑内外墙面的装饰被减到了最少,而代之以从室内环境整体出发的装饰概念。那么随着新世纪建筑营造的逐步构件装配化,室内空间的样式必定会出现一次成型的趋势,至少在大型的公共性建筑中装修的概念将变得十分淡漠。室内设计如何顺应这种变化,是新时期值得我们深入研究的课题。

>> 设计与材料

三、材料与装饰风格

我们不可否认材料由于自身不同的质地、色彩、纹理会对人的心理产生完全不同的影响。因此会由于不同材料的使用而产生不同的装饰风格。

木材质感温暖润泽、纹理优美、着色性好，历来是室内用材的首选；东方世界用木材创造了以构造为特征的彩画框架装饰体系。石材质感坚硬、纹理色彩多变、雕凿性好，是建筑理想的结构材料，同时也是室内界面铺砌的高档用材；西方世界用石材创造了以柱式拱券为代表的雕塑感极强的界面装饰体系。金属材料质感冷峻平滑、色彩单纯、加工成型可塑性强，但是需要现代加工技术水平的支撑，因此以大量金属材料作为室内的装修材料就代表了现代最典型的装饰风格。可见材料与装饰风格有着本质上的联系。

一般来讲设计者总是希望选用高档材料，这是因为所谓的高档材料本身具有华丽的外表，易于产生良好的视觉效果。但是滥用高档材料不但得不到好的空间装饰，而且还会因为材料衔接过渡的处理不当，造成适得其反的效果。设计者合理选用与合理搭配材料的能力并不是一蹴而就的简单技巧。同一空间中使用的材料越多面临的矛盾也就越大，因此一些高档的场所用材反而极为简洁。当然材料用得少就更需要精细的工艺水平。近两年国际上简约主义流行，国内的某些酒店宾馆潮流跟得很紧。但由于设计者或是经营者并没有真正理解使用材料的真谛，所以材料使用和衔接的尺度比例掌握不好，加之装修工艺粗糙，空间效果反而不如以往。可见简约比之繁复在设计的用材上要更见功力。

物语

四、材料与流行时尚

一般来讲材料的使用总是与不同的功能要求和一定的审美概念相关，似乎很少与流行的时尚发生关系。但是随着各种新型装饰材料的不断涌现，以及大众的攀比和从众心理，在装饰材料的使用上居然也泛起阵阵流行的浪潮。以墙面的装饰材料为例，墙纸、喷涂、木装修、织物软包等依次登场，这两年具有不同柔和色调适合于居室墙面装饰的高级乳胶漆又颇为流行。装饰织物方面：窗帘、床罩、靠垫、枕套等等，更是与色彩图案的流行有着直接的联系。可见材料也有流行的时尚。

在一个相对稳定的时间段内，某一类或某一种装饰材料大家用得比较多，这就是材料流行的时尚。这种流行实际上是人们审美能力在室内装饰方面的一种体现。喜新厌旧是青年人最基本的审美特征；怀恋旧物则是一般老年人最常见的审美特征。由于新婚家庭的主体是年轻人，主流社会中家庭的决策人又往往是中青年，而这一类家庭的居室装修又占据了室内装饰材料使用的主流，因此也就促成了材料流行的时尚。在公共环境的室内装修中同样也会因为追求所谓的现代感或是时代感，造成某一种新材料的流行潮。

材料的流行从社会公众的角度来看无可厚非，而从专业的角度来看则表现出设计上的不够成熟。

五、材料与艺术表现力

在建筑与室内的设计领域，色彩、尺度、形态、体量的视觉体现往往被设计者所关注，然而，容易忽视材料表面的质感与肌理通过视觉影响力所造成的设计问题。通常，人们可以通过图像的资料来了解一座建筑，或是一间房屋内部的色彩与形体。但这只是一般的视觉表象，而不是真实空间的视觉体验。在真实空间的视觉体验中，只有通过材料表面的质感与肌理反映，包括这种反映所导致的空间艺术表现力，才能真正达成设计所需要体现的完美空间效果。

不同的材质具有自身不同的艺术表现力：木材的自然所体现的温润与质朴；石材的坚实所体现的硬朗与苍劲；钢材的冷峻所体现的挺拔与俊秀。几乎每一种材料都具有自身特殊的艺术表现力。然而，材料所具有的这种艺术表现力，并不是随便

>> 设计与材料

使用就能够自然展现的。首先,必须经过设计者的预先规划与精心推敲,然后,还要通过施工者对工艺的合理选择与制作的细致琢磨,才能充分发挥材料的潜质。在设计者的眼里并没有材料的好坏与新旧,只有适用与不适用。

每一个设计项目,都有着自己相应的使用背景和环境条件,面对特定的空间设计,并不是所谓时髦的新材料就好,也不是材料越昂贵越好,单一空间使用材料种类越多越好。这里有一个设计者的用材素养问题,并不是"拿到篮里就是菜",需要较长时间项目实践经验的积累,同时也与设计者受教育经历中所完成的艺术修养积淀有关。我们注意到一些很有造诣的设计大师,往往偏爱于某种材料,并把这种材料的艺术表现力发挥到极致。说明他们对这种材料的特性了如指掌,工艺流程烂熟于胸,艺术处理方法得心应手,这才造就出能够传世的作品,同时也说明用材的学问并不是那么容易学到手。

在分析了材料与设计的诸多联系之后,我们可以看出目前在室内设计上出现的一些问题与设计者的用材素质有着很大的关系。这与我们应试的教育体制存在的弊病相关联。如果对比中外室内设计教育就会发现,我们在材料选择与运用上的设计基础素质教育还存在着较大的差距,一方面中小学教育中极少工艺课程的实际训练,本来基础就差,进入专业学校或是各类专业培训学习,学生又很少接触材料,同时我们的专业训练纸上谈兵的时候多,真刀真枪实干的时候少。参观国外艺术设计院校的最大感触,是那里的学校更像是一个工厂的车间,学生的课题作业很大部分是在实物操作的过程中完成。由于直接接触材料,同时又处于三维的实体空间中,所以更容易理解在纸面上所不能充分表达的内容,教学的效果自然要好得多。鉴于以上的原因,专业学校和非专业学校培养出来的设计师都存在着用材素质不高的情况。

现代科学技术的飞速发展使新材料新技术不断涌现,尽快提高我们的用材素质成为新世纪中国室内设计师的重要课题。

物语

材料的故事

》》方晓风

- 清华大学美术学院环境艺术设计系副教授
- 中国《装饰》杂志常务副主编
- 清华大学美术学院装饰应用材料与信息研究所副所长
- 建筑学博士

》》材料的故事

有一种说法,认为"材料带动设计",许多人不以为然。如果从绝对的角度看这句话,的确可以举出许多反例,前现代时期的建筑发展历程很能说明问题,当时铁和玻璃两种材料已经得到广泛运用,但对设计的触动不大,新材料和新技术并不必然地带来新的形式和新的风格。反过来,新的审美趣味也可以通过传统的材料来实现,最典型的莫过于西班牙建筑师高迪的作品,他的许多建筑空间奇异、形式怪诞,大大超乎普通人的想像力,但他就是用最古老的建筑材料——石头来完成这些建筑的。同样,现代主义大师芬兰建筑师阿尔瓦·阿尔托也长期致力于运用砖、木材、石材等传统建筑材料表现现代的审美趣味,在阿尔托手里,这些传统的建筑材料有了别样的意味,温情脉脉地提示着人们生活的多样性。这些例子都在说明,设计师挖掘了材料的表现力,材料如何带动设计呢(图1~图3)?

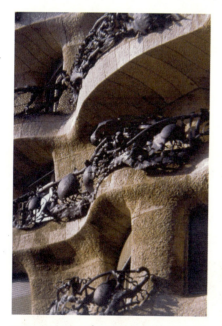

■ 巴塞罗那米拉公寓立面细部(图1)

■ 巴塞罗那巴特罗公寓(图2)

■ 芬兰宫石材饰面的肌理(图3)

物语

■ 古埃及卢克索神庙的柱廊(图4)

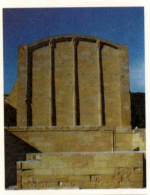
■ 古埃及昭赛尔金字塔边的建筑模型(图5)

人类历史进步的动力是什么？这个问题是很多人关心并试图解答的一个大问题，在各种答案里有一个答案叫地理决定论。这又是一个相当绝对的说法，自然也存在许多反例来驳斥这种说法，但在建筑发展的历史中，如果看不到一个地区的主要物产是什么，看不到最便利的建筑材料是什么，看不到那里的气候条件，看不到地质条件，那么我们的确很难理解为什么一个地区的建筑会有那样的形态。

在物产丰富的地区，人们拥有比较大的可选择范围，地理决定论就不太起作用。比如中国，人们可以用土作为建筑材料，也可以用木材、用石材。最终中国人大量使用的建筑材料是木材，许多人会问，为什么不用石材呢？因为石材加工很困难，代价大，在地理条件相近的欧洲大陆，看上去有许多石建筑，实际上更多的民居建筑还是使用木材作为主要的结构材料，原因即在于此。在地理决定论失效的例子中，一方面也曲折地在说明地理环境的重要性，这是相当有意思的地方。有人说，一部建筑史就是一部材料演变的历史，或许我们从头审视建筑材料的变迁，了解材料的故事会更有助于我们对建筑和设计的理解。

人类留存至今最古老的地上建筑就是古埃及的金字塔，是用石头建成的。如果我们认为古埃及的建筑都是石头建造的，那就错了。埃及人认为现世的人生走向死亡不过是从一个世界走到另一个世界，是肉体和灵魂的暂时分离。人死后到了地下王国同样需要住所，并且尘世的住所是临时的，而坟墓才是永久的住所。因此，人在世的时候就要把未来的住所——坟墓建好。埃及的法老们无不在在位期间苦心经营自己的坟墓。古埃及人相信灵魂不灭，认为只要保存好尸体，死后3000年仍可复活而得到永生。为此，他们不但发明了木乃伊的防腐技术，也特别重视坟墓。这一独特的文化背景造就了埃及独特的陵墓建筑，最为世人熟知的就是金字塔。正是由于这个观念，古埃及人对待住宅就不追求这种永久性了。古埃及人建造住宅的材料是土坯砖和捆束在一起的苇杆，因为那片土地不盛产木材，人们总是选择最便利的材料进行最为普遍、最为日常的建设（图4~图6）。

■ 古埃及柱头(图6)

>> 材料的故事

由于古埃及的住宅没有能够存留至今的，我们如何知道那时的情景呢？非常有趣的是，这个证据是由石建筑留下的。金字塔作为陵墓有一整套建筑配置，并非只是一座金字塔，相当于一个墓园，有围墙圈起，里面包含有神庙、祭坛和法老生前的住宅建筑模型。后者之所以称为模型不是因为它体积小，而是因为尽管体量不小，但它却是实心的，内部没有空间。这个建筑模型很直接地反映了它的原型是用何种材料建成的，檐口轻薄，柱子纤细并有捆束的痕迹。这座建筑只能是个模型，因为当时的石材建造技术不能模拟这样的形式。而在石头建造的神庙中，那一个个巨大的埃及柱式，其装饰的来源仍然是当地的植物形象，而柱身的修饰中也还保留了捆束的特征。这些情况都说明了一个问题：最初的材料选择极大程度地影响着人们的审美判断，当人们应用新的材料进行建筑活动时，他仍然无法摆脱旧的形式，此时最初的材料连同它所匹配、适应的形式，就变成了一个文化基因，具有很强的生命力，代代相传，除非文化中断了。

■ 河北昌黎源影塔细部(图7)

物语

■ 西安小雁塔(图8)

同样的情形还可以看看中国的塔。塔这种形式是从印度传入的，在印度的原型称为"窣堵坡"，也是用石材建造的。但塔这种形式传入中国之后就迅速地与中国传统的楼阁结合形成中国的楼阁式塔（当然并不是没有其他形式的塔）。传统的中国楼阁是木建筑，其形式反映了木材这种材料的许多特点，出檐深远、姿态灵活、可以登临以及装饰精致等等。但木材的缺陷也显而易见，即容易损坏。塔作为一种纪念性建筑，当然希望使用耐久的材料，因此早期就开始建设砖塔，只是那时的砖塔一般都是密檐式塔，不可登临，并且塔的形式顺应砖的建造工艺，较为简洁，只通过砖的叠涩檐口进行修饰。随着时间的推移，密檐式塔尽管使用砖，但在形式上越来越追求模仿木建筑的特点，檐下出现了砖制的斗拱，进而连飞椽、滴水和瓦当都用砖来模仿，墙身部分也是如此，砌出窗框、窗棂、平座栏板和栏杆。砖塔以让人误以为木塔为能事，匠人炫技的心理可以理解，审美的趣味却无法让人认为是可取的。相对来说，楼阁式塔的进化更为合理一些，后期大量出现的楼阁式塔多为砖心木檐的结构，结构的承重部分交给砖，外立面的装饰部分还是由木构造来完成。不过，砖塔心的内部装饰，在趣味上仍然无法摆脱木建筑的影响，以模仿为目标（图7和图8）。

>>> **材料的故事**

■ 古希腊神庙(图9)

  材料获取适合自身的表现形式往往要经历一个漫长的过程,古埃及的金字塔在世人印象中的是正四棱锥体,但早期的金字塔是阶梯状的,其原型是更为普遍的陵墓建筑形制"马斯塔巴"——长方的梯形台,金字塔作为更高级的陵墓可以看作是马斯塔巴的叠架。从另一个层面看,古埃及人在建造冥世或供奉神灵的建筑时,更多的是在考虑整个建筑的精神需求,材料的选择是对这种需求的配合。因此,这些建筑在空间、尺度和形式语言的各个方面都呈现出迥异于现世建筑的特点,粗壮的柱式虽然保留了植物装饰的痕迹,但从根本上是为了塑造沉郁而恒久的气氛。石材作为坚固、耐久的代名词,同这样的需要是完全吻合的。

物语

■ 雅典卫城伊瑞克先神庙的女像柱廊（图10）

古希腊人则挖掘了石建筑另一方面的潜力，希腊是热爱雕塑的民族，石材也是非常适于雕塑的材料。不同地区的古希腊人确立了沿用至今的柱式典范。柱式语言遵从模数的控制，能够保证审美品质，同时又同人体的比例建立联系，这是一种抽象的联系，以柱式的形象气质来类比男性和女性。希腊人完全用雕塑的眼光来看待建筑，他们的神庙无论体量大小都是一个单纯的体块，他们把神庙布置在场地的中央，环绕建筑的是一圈优美的柱廊，他们的宗教活动主要在室外进行，人们来到神庙往往是先要绕神庙一周然后再进行祭拜。古希腊的神庙甚至只有很小的内部空间，他们把空间都留给柱廊了，而柱廊在日光下亭亭玉立，随着时间变幻光影，时至今日人们还是要惊叹这样的创造。古希腊人用女人像来作为承重的柱子则是把这种建筑如雕塑的意味发挥到了极致。实际上，古希腊人的实践已经揭示了石材作为塑性材料的潜力，但是这种潜力的进一步发挥还要等待千年以上，伟大的西班牙建筑师高迪以他一生的实践把石材的塑性能力挖掘到了超出世人想像力的境地（图9和图10）。

>>> **材料的故事**

古罗马人显然愿意臣服于古希腊的文化成就，尽管他们掌握了更有力的建造手段，但他们还是以希腊人的柱式语言来完成建筑形象。古罗马的地域上多火山，火山灰是天然的混凝土素材，古罗马人大量使用混凝土建造建筑，火山灰拌上碎石骨料凝固后非常坚固，并且由于使用了混凝土，可以大量使用没有特殊技能的普通劳动力，这就大大降低了建筑的技术门槛和经济成本。混凝土的威力有多大，可以用这样一个事实来说明，古希腊人也掌握了穹顶的建造技术，一些小型的圆形神庙即使用的是起拱技术。但古希腊人没有创造出大型的室内空间，有人归因于古希腊人并不喜好穹顶。只要比较一下用石头建造穹顶的难度和用混凝土建造穹顶的难度，就不难看出，两者之间的难易程度相差实在是太悬殊了。石材加工需要有技能的工匠，石材的起重、运输需要大型的机械和众多的劳力，石建筑的重量更增加了穹顶下支撑墙体的负担，而混凝土的使用可以回避掉上述的许多问题。混凝土施工只需要少量有技能的支模工匠，运输化整为零就容易许多，火山灰本身就重量轻加上骨料选择轻质的，结构自重可以大大降低。古罗马人使用混凝土完成了古希腊人无法想像的建筑形象和空间，罗马万神庙的内径达到40米，这样的空间在今天还是让人感动，这样的伟绩是要部分归功于材料技术的。维特鲁威在《建筑十书》中对用混凝土建造万神庙颇有微词，认为这么神圣的地方应该使用更为艰难而"实在"的建造技术，更为昂贵的建筑材料，今天看来这是相当可爱的说法（图11~图14）。

■ 罗马卡拉卡拉大浴场遗迹（图11）

■ 罗马万神庙（图12）

物语

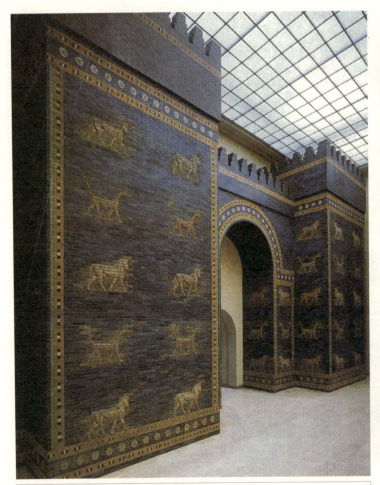

■ 巴比伦城门（图13）

■ 罗马万神庙（图14）

>> 材料的故事

■ 古罗马建筑室内马赛克铺地（图15）

混凝土和拱形结构的使用带来了建筑装饰的变化，古罗马人为了美观在混凝土外面再贴上石材饰面，因为那里同样还生产各种石材。由于石材不是作为承重的材料来使用，那么石材的装饰就获得了自由，各种铺砌方式应运而生，可以组成不同的肌理或纹样，甚至柱式都是用来装饰的了，柱式的应用主要是为了划分立面，以形成一定的节奏，同时如何组织不同的柱式在一个立面上也开始形成罗马人自己的逻辑。从这个角度看，材料带动设计，倒也所言非虚，在新材料、新技术出现之后，的确需要相应的设计手段配合才能充分发挥新材料和新技术的优越性，同时也不丧失或影响人们已经习见的审美品质。当时的混凝土是质地相当粗砺的混凝土，因此清水混凝土这样的表面处理是不太可能在那个年代出现的。

物语

■ 亚眠主教堂侧廊的玫瑰窗(图16)

罗马人的饰面意识有可能受到两河流域文化的影响。两河流域的气候和地理条件同埃及有点类似，但是那里的河流所夹带的泥沙含量要高于尼罗河的，因此相对淤泥较多，这就成为那里的主要建筑材料。土质建筑面临的大问题是如何抵抗风雨的侵袭，因此两河流域的人很早就发明并使用了马赛克饰面技术，最初是在土未干的时候往里植入陶钉，密实的陶钉形成富有装饰味的表面肌理，在这个基础上采用不同色彩或质地的陶钉就能形成丰富的几何纹样或图案，著名的巴比伦城门是留存至今最为古老的釉彩饰面建筑。罗马人由于石材丰富，所以他们往往直接采用小块的石材进行马赛克镶嵌的装饰。马赛克的这种小块材料的镶嵌装饰手段非常有利于表现繁富的主题，拜占庭时期的建筑融汇了东西方的建筑文化，在圣索菲亚大教堂的室内就采用了马赛克镶嵌的装饰手段，在马赛克的表面贴上金箔之后，显得无比华丽。马赛克的装饰还有利于回避建筑表面不平整的问题，配上金属质感，形成了斑斓而变化不定的光影效果。直到现在，马赛克仍然是广泛应用的装饰材料，原因在于每种材料都有自己的长处，材料本身并没有过时之说，只有适用或不适用的区别。曾几何时，国内大量使用陶瓷锦砖进行建筑外立面和室内的装饰，后来又把它打入冷宫，直到国外设计师采用新工艺的玻璃马赛克的时候，又是一阵跟风。这种现象都是设计意识不成熟的表现，缺乏对材料属性的深入了解和研究，人云亦云地做设计，人云亦云地选材料，殊不知材料的选择就是设计的第一步，因为它反映了设计师对空间效果的构思（图15和图16）。

>> 材料的故事

很多时候，特定的装饰效果是同某种特定的工艺和材料技术紧密联系的，马赛克换成面砖的话就得寻找面砖的工艺和形式语言，但那种镶嵌艺术的效果就无法实现了。早期的哥特教堂大量采用彩色玻璃的镶嵌技术，那时由于玻璃工艺的限制，一是无法制造完全透明的玻璃，二是无法制造大块的玻璃，所以就用小块的彩色玻璃镶嵌成许多圣经故事中的场景，被称为傻瓜的圣经。后来，随着玻璃制造工艺的提高，人们能做出大块的玻璃了，就逐渐放弃这种小块玻璃镶嵌的做法，而是在大块的玻璃上画出彩色的故事场景，这样做效率肯定是大大提高了，但这种彩色玻璃窗的装饰效果反而降低了。陈志华先生在他的外国建筑史中感叹，最美的彩色玻璃窗属于早期的哥特教堂，工艺的进步可能带来某种艺术形式的退化。诚哉斯言，在新的工艺条件下，人们要探索新的材料表现形式，传统工艺可以保留、延续，但不会成为主流，今天的人们没有必要抱着昔日的辉煌而裹足不前，在新的条件下我们可以创造出别样的美，只是需要我们多动脑筋，多做探索。

钢和玻璃的大量使用极大地改变了20世纪以来整个世界的建筑面貌，钢作为结构材料具有许多优越性，最突出的是其受拉的性能好，而它受压的性能同混凝土相当。钢和混凝土的结合产生了钢筋混凝土，钢提升了构件受拉的能力，混凝土则弥补了钢不耐火的缺陷，在钢产量不高的时代，这个组合也是非常经济的。混凝土是抗压性能很好的材料，但它的缺陷是相对脆性、抗拉性能差，不利于延展和悬挑；加入钢筋之后，它的抗拉性能可以更好的发挥。一批表现主义的建筑师纷纷使用钢筋混凝土探索它的塑性能力，门德尔松的爱因斯坦纪念塔、小沙里宁的肯尼迪机场候机楼、柯布西耶的朗香教堂等等都是这方面的名作。钢筋混凝土的悬挑能力也超出当时一般人的想像力，赖特的流水别墅有两个悬挑深远的大平台，在拆除模板时工人都不敢，结果只能是结构工程师出身的赖特亲自去拆。同样的故事在贝聿铭为台湾的东海大学设计教堂时也发生了，这个教堂采用了双曲面的整体结构，两个面相交的地方是玻璃，看上去很不可思议，在拆除模板时工人们都敬而远之，最后是工程公司老板自己去拆，他认为如果真垮了，他也该死，工程失败自己无法交待，不如亲自拆模看看到底如何，结果当然是安然无恙，皆大欢喜。当然，并不是新材料、新技术必然产生新的形式，设计师如果没有这种不断探索材料性能及其表现力的追求，钢筋混凝土还是可以很自然地继续塑造传统形象（图17~图20）。

物语

■ 法国朗香教堂(图17)

■ 爱因斯坦纪念塔(图18)

■ 纽约肯尼迪机场室内(图19)

■ 台湾东海大学教堂(图20)

材料的故事

人们对钢筋混凝土的表面处理也做了许多探索，现在清水混凝土表面已经是许多建筑通行的做法，但许多人还是习惯在混凝土的外面再做饰面处理或进行涂饰。混凝土的质地比较粗，因此不为公众接受，但有些建筑师如柯布西耶等人，从这种粗砺中看到了力量，突兀的形体加上粗砺的质感，反而使建筑浑朴有力，结果形成了粗野主义一派，英国的国家大剧院即为此类建筑之代表。也有人利用混凝土的这种天性，再加上肌理的变化，形成富有装饰味的表面，最典型的莫过于美国建筑师保罗·鲁道夫在耶鲁大学建筑系馆上的尝试。他用带槽的模板浇筑出竖向条纹的表面肌理，然后用冲击钻把条纹打毛，形成他称之为"灯芯绒"的表面效果。结构工程师出身的意大利建筑师奈尔维则充分利用自己的结构才能，从结构的力学合理性出发设计结构构件的截面变化，创造出变截面的结构构件，从而使构件本身的形式极具美感，而无需额外的装饰。他的建筑总是脱模即成，没有二次装修，大大缩短了施工周期，以此也为他赢得了许多工程的竞标。日本建筑师安藤忠雄则是以他特有的非常精致的清水混凝土建筑而闻名世界；他独具慧眼地看到了混凝土具有细腻的潜质，尤其是在混凝土搅拌和施工技术不断进步的条件下，通过精致的模板可以浇筑出精致的混凝土表面。他的这一工艺设计使他的建筑具有了浓郁的日本文化的特质，尽管他的形式语言是抽象的，启发了许多设计师，也产生了众多的追随者。

钢筋混凝土的应用，开始使建筑获得了远较传统建筑轻盈的形象，结构构件的尺寸大大减小，建筑获取了向上的力量，钢和玻璃的应用则使这种趋势得到进一步的推动。事实上，最早的玻璃建筑要较钢筋混凝土建筑的出现还早，在水晶宫时代，人们已经开始大量使用铸铁和玻璃来建造建筑，但都是花房、集贸市场、车站这样的更多关注功能而非形式的建筑。老的巴黎国家图书馆的阅览大厅也是采用的这种材料和技术，但堂堂国家图书馆在建筑的外立面还是要使用石材，以形成气派庄重的效果。水晶宫是个无奈之举，完全迫于时间的压力，不然决不会让一个园艺师承担这样的项目，但水晶宫的建成揭示了金属结构和玻璃的许多优越性：建筑构件可以在工厂预制，标准化的设计可以使这种生产国际化，大大提高了效率，现场只要拼装就可以了；建筑建成后的形象晶莹剔透，展现了前所未有的魅力，水晶宫这个名称就表达了人们的喜爱。同时，这座建筑在博览会之后还能易地重建，这又是一个巨大的进步。当然，当时还有许多技术环节没有解决，整座建筑就是一座放大的花房，里面闷热，由于不耐火，最后它葬身于火海之中。后来，先锋艺术家陶特也常使用玻璃砖建造了一座小亭子在国际博览会上亮相，奇特的空间效果激发了许多人的灵感（图21~图25）。

物语

■ 耶鲁大学视觉艺术与建筑系馆(图21)

■ 粗野主义建筑室内(图22)

■ 罗马小体育宫室内(图23)

■ 罗马小体育宫(图24)

■ 安藤忠雄的清水混凝土墙面(图25)

>> 材料的故事

■ 芬兰赫尔辛基某报社总部大楼内厅（图26）

■ 芬兰赫尔辛基的新型节能住宅（图27）

■ 纽约利华大厦（图28）

钢结构玻璃幕墙建筑的旗手是第一代现代主义的建筑大师，德国人密斯·凡·德罗。密斯在二战前的德国就开始构思高层玻璃幕墙建筑的方案，但没有条件实施。到了美国之后，新兴的垄断资本家迫切需要新鲜有力的形象来发出自己的声音，密斯终于得到了施展身手的机会。钢结构和玻璃，能塑造轻快、简洁的建筑形象，这种形象非常有利于表现效率，于是大量的办公建筑、商务楼、交通建筑都选用这种材料组合和形式，国际式滥觞的源头之一即在于此。但随着能源危机的到来，玻璃幕墙的缺陷也越来越成为诟病，玻璃的保温性能不佳，并且在日光下易产生温室效应，对于建筑的运营来说就是能耗很高，维护成本高，一度人们纷纷改弦更张，还是采用钢筋混凝土结构或保温性能好的材料来建造外墙，窗户也不求大了，只要能满足采光和通风的要求即可。眼看着，玻璃幕墙要被打入冷宫了，但人们对于材料研发的探索精神没有熄灭，玻璃的性能通过玻璃制造工艺的改进和变革，包括添加不同成分的原料，而得到了很大的改变，现在广泛使用的Low-e玻璃即为一例，这种玻璃可以阻挡热辐射，在玻璃的热交换途径中，通过辐射损失的能量最多，因此低辐射的玻璃极大地改善了玻璃的性能，同时又不影响其良好的采光性能。最近，笔者曾去北欧几个国家考察，发现那里大量的新建筑都是玻璃楼，这在玻璃性能未改善之前是不可想像的，因为北方冬季严寒，保温的要求很高。但如果玻璃具备了良好的保温性能，北欧的人们更倾向于使用玻璃，他们太渴望阳光了，这种渴望是低纬度地区的人无法完全理解的（图26~图28）。

物语

材料的故事何止一篇短文所能述尽,拉拉杂杂地说这些事情无非是想说明,材料的选择并不是一件简单的事情,材料的广泛应用也有它的社会文化背景和相应的技术背景。同时,材料的表现力也并非是单一或狭窄的,设计师对于材料表现力的挖掘不仅可以形成自己特殊的形式语言,也可以促进材料本身的进一步开发和研究。大千世界,斑斓富丽,设计师怀着敬畏之心从事设计,我们的世界能不更加灿烂吗?设计师们任重而道远,这也是设计的魅力之所在吧(图29~图32)。

■ 巴黎国家图书馆阅览厅(图29)

■ 弗兰克·盖里的作品(图30)

>> 材料的故事

■ 新奥尔良市的意大利广场(图31)

■ 巴黎国家图书馆结构细部(图32)

物语

室内风格与材料的演变

>>> 杨冬江

- 清华大学美术学院环境艺术设计系副教授、博士
- 清华大学美术学院装饰应用材料与信息研究所所长
- 中国室内装饰协会设计委员会秘书长
- 中国美术家协会设计委员会副秘书长

室内风格与材料的演变

室内设计风格的形成受技术条件、材料条件、使用功能、政治制度、哲学思想以及宗教观念等诸多社会要素的影响。风格的发展演变,在很大程度上是社会、政治、经济、文化背景发展变化的结果。人们的生活经历不同,时代不同,受地域文化差异的影响不同,文化艺术修养、个性特征不同,在艺术创作和设计创作、艺术构思创意、艺术造型设计、艺术表现手法和运用艺术语言等诸多方面都会反映出不同的特色和格调,形成作品的风格和神韵。对于"室内设计"这一概念,《辞海》的解释是:"对建筑内部空间进行功能、技术、艺术的综合设计。根据建筑物的使用性质(生产或生活)、所处环境和相应标准,运用技术手段和造型艺术、人体工程学等知识,创造舒适、优美的室内环境,以满足使用和审美要求。设计的主要内容为室内平面设计和空间组合,室内表面艺术处理,以及室内家具、灯具、陈设的选型和布置等[1]"。

在我国古代,室内设计属于营造的一部分,主要涉及装修和陈设两方面的内容。装修是指"在房屋工程上抹面、粉刷并安装门窗等设备[2]",突出的是功能性,《营造法式》中内檐装修所涉及的隔断、罩、天花、藻井等内容基本都属于室内界面装修的范畴。而陈设则主要包括家具及艺术品的摆放,更加侧重于艺术性;在近代,室内设计曾被冠以"内部美术装饰"或"内部装饰"的称谓。1928年,在中国建筑师学会制定的《建筑师业务规则》中,"内部美术装饰"开始被列为一门专项的设计内容。装饰一词具有动词和名词两种词性,作动词时指:"在身体或物体的表面加些附属的东西,使之美观",而作为名词则指:"装饰品[3]"。蔡元培先生在其著述的《华工学校讲义》中对装饰进行了专门的阐述:"装饰者,最普通之美术也。……人智进步,则装饰之道渐异其范围。身体之装饰,为未开化时代所尚;都市之装饰,则非文化发达之国,不能注意。由近而远,由私而公,可以观世运矣[4]。"在这里,装饰成为国计民生和文化水平的象征;新中国成立以后,装饰一词继续被沿用,室内装饰反映了20世纪50至70年代人们对于室内设计概念的一种普遍认识。它主要指"在建筑物主体工程完成后,为满足建筑物的功能要求和造型艺术效果而对建筑物进行的施工处理。……具有保护主体结构、美化装饰和改善室内工作条件等作用,是建筑物不可缺少的组成部分,也是衡量建筑物质量标准的重要方面[5]"。这时的室内设计主要是以依附于建筑内部的界面装饰和家具、艺术品的陈设来实现其自身的美学价值;文革结束以后,随着现代主义思想在中国的广泛传播,设计的概念开始逐步被人们所接受。从80年代开始,室内设计的专业名称开始被广泛使用,设计理念也由传统的二维空间模式转变为以现代的四维空间模式进行创作。

---

[1] 辞海编辑委员会.《辞海》.上海:上海辞书出版社,1999.
[2] 中国社会科学院语言研究所词典编辑室编.《现代汉语词典、(修订本)》.北京:商务印书馆,1996.
[3] 中国社会科学院语言研究所词典编辑室编.《现代汉语词典、(修订本)》.北京:商务印书馆,1996.
[4] 蔡元培著.《蔡元培美学文选》.北京:北京大学出版社,1983.
[5] 杨宝晟.《中国土木建筑百科辞典》.北京:中国建筑工业出版社,1999.

物语

我国传统建筑源远流长,木构架的结构体系是其最显著的特征之一,木材独有的属性和中国人特殊的审美心理赋予传统建筑独特的美学原则。在漫长的发展过程中,中国的传统建筑始终保持着最初的基本形制和美学原则,并且不断改进,逐步发展成为一种完善自律的体系。

中国传统建筑的装修有内外檐之分。外檐装修主要包括檐下的挂落、走廊的栏杆和对外的门窗;而内檐装修的内容主要是空间的内部,包括天花、藻井以及隔断、隔扇、屏风、罩、博古架等。

■ 带有团鹤纹样的井字天花(图1)

由梁枋等构件构成的我国传统室内空间,其屋顶的装修处理主要有两种方法:一种是不做顶棚直接暴露梁枋结构;另一种是在梁枋下做顶棚处理,使室内保持完整的空间。天花与藻井都属于顶棚一类的构件,主要用在宫殿和一些重要建筑中。天花的做法比较简单,用木条做成大面积的方格网状榥条,然后在方格上平铺木板,因为方格形同井字,一般人们称其为井字天花(图1)。明清时期建筑的天花,井字形方格大多配有装饰,彩画和雕饰是主要的装饰手法;藻井则属于高级的天花,一般用在宫殿、庙坛建筑明间的正中,藻井的形式与天花不同,主要有方形、矩形、圆形、八角形、斗四、斗八等等。藻井不但造型复杂,而且每一层都有装饰,梁枋斗拱上均施彩画,由下至上直到最高的圆心。在重要的宫殿、坛庙建筑中,藻井的圆心上多绘制龙纹或以木雕蟠龙倒悬空中,清代称此种藻井为"龙井"。

在传统的官式建筑中,室内墙面多用白奕纸或银花纸施以裱糊,还有一些较高级的室内使用护墙板,表面一般做油漆、裱锦缎或作雕刻、绘画处理。而在大量的民间建筑中,为了满足清洁和改善采光的需要,北方很多使用白灰粉刷的装修方式,也有一部分直接采用清水砖墙;江南园林或第宅建筑的室内墙壁有很多使用木板,壁板多为深褐色或木本色。

传统建筑的室内地面以方砖居多,有平素的,也有模制带花的,地面的拼法以规则的横纵或错位排列为主。

我国传统建筑的内檐装修注重与建筑的结构和功能的紧密结合,纱槅、屏风、罩、博古架等不仅具有浓厚的装饰效果,而且成为灵活划分室内空间的重要手段。其中纱槅相对固定,而屏风、罩、博古架等都可以改变位置或移动,使室内空间大小、形状任意改变,非常灵活。纱槅即碧纱橱,多由八扇或十扇组成一槽,一般只开合正中两扇。纱槅的用料和做工都极为考究,多在榥条后面糊纱、绢等织物,并绘制工笔画。纱槅可以单独使用,但更多的时候是和博古架、罩等组合在一起,构成形式多变的空间分隔(图2)。

■ 故宫玉粹轩内的落地花罩及壁面工笔画(图2)

室内风格与材料的演变

在鸦片战争以后,随着西方建筑设计思想的传播和大量西方建筑的出现,我国传统木构架的建筑体系开始受到冲击并逐步被现代化的钢筋混凝土结构所取代。西方现代建筑技术和材料的传入,积极地推动了我国建筑和室内设计的发展。随着通商口岸的开放和租借区的形成,首先是西方传统的砖石墙承重和木屋架屋盖的结构形式开始在我国出现。在外国殖民者建造的西式建筑中,砖石柱廊、砖石拱廊等传统中式建筑不常见的结构得以较大发展。

开埠之初,国人对于入侵的外来文化从民族感情的角度予以抵制,对西方生活方式及审美标准更是充满敌视。但随着租界的快速繁荣以及租借"华洋分居"局面的打破,中国人得以更直接、更深入地接触西方文明,于是"夷场"变成了"洋场",对西方文明的鄙视逐渐被羡慕所代替。

1862年,上海租界区内的大英自来火房筹建,1865年开始供气,租界内开始使用煤气照明。1881年,英商上海自来水公司开始供水,供水系统逐步实现现代化,租界内的居民开始用上了清洁的饮水,火灾的损失也明显减少。与此同时,英商上海电光公司和大北电报公司也相继成立,上海租界内的市政设施建设逐渐步入现代化。

在很多高档住宅中,集中式的取暖系统代替了原有的火炉、火盆。烧煤的锅炉被置于专门的房间或地下室,可以通过管道和暖气片使室内空间升温;电灯取代了传统的煤油照明方式;而自来水、抽水马桶、浴缸等现代卫生、盥洗设施的出现,使得人们的生活水平和质量与以往相比有了质的飞跃。在租借区内租住的中国居民从中享受到了工业文明所带来的种种物质生活方面的便利。至19世纪末,真正意义的西方现代建造技术开始传入上海,钢铁、混凝土等新型的建筑材料也陆续出现。1908年,上海建成了第一座完全采用钢筋混凝土框架结构的德律风公司大楼;1917年建成的天祥银行大楼成为上海市第一座钢框架建筑;19世纪末西方国家才开始使用的电梯,20世纪初已在上海出现,1906年建成的上海汇中饭店(今和平饭店南楼)成为"有史以来在中国第一次安装了电梯的建筑物[1]"。

在各类新型建筑技术的带动下,我国现代的建筑材料制造业也开始逐步发展起来,"1853年英商在上海租界开设了第一家近代大型建材工业——上海砖瓦锯木厂,专为租界内建筑提供建筑材料。以后又相继出现家具厂、玻璃厂等[2]。"

---

[1] 彼得·罗(Peter G.Rowe),关晟(Seng Kuan)著.成砚译.承传与交融——探讨中国近现代建筑的本质与形式.北京:中国建筑工业出版社,2004.
[2] 伍江编著.上海百年建筑史(1840—1949).上海:同济大学出版社.1997.

物语

在室内装饰材料方面，西方建筑室内常用的石材、铁艺、油漆以及木夹板等装饰材料开始大量出现。20世纪初，各地制造、经营或代理各类装饰材料的商家如雨后春笋般迅速发展起来。例如，南京路上的盖茨公司（Getz Bros. & Co.）就是当年上海滩规模较大的一家装饰材料供应商，主要代理各种名牌的石材、瓷砖、壁纸、夹板等建材，从盖茨公司刊登在《建筑月刊》上的广告中我们可以看出，作为独家代理它不仅可以为客户免费提供各类样品和报价，而且在施工过程中外国监理还能给予技术支持（图3）。

从20世纪20年代开始，木地板被大量应用在建筑内部，材质主要有檀木、柚木、柳桉以及松木等，铺装多为条木和拼木形式。另外，上海、广州等都出现了一批承做木地板工程的专业施工安装公司。如上海的大美地板公司既向客户供应材料，也提供施工服务。当年，像大美地板公司这样可以为客户提供施工服务的公司还有很多，从某种程度上讲，它们已经具备了室内装饰施工企业的一些基本特征。

1933年前后，上海美丽花纸总行开始代理欧美等地的室内墙纸，同时商行还聘请有专门的"裱糊匠"，可以随时为客户提供服务。这种新型的墙面装修方式立刻得到了大家的认可与推崇，当时上海的一些知名建筑如汇中饭店、大中国饭店、冠生园等都使用了这种新型的墙纸。

追求现代的生活方式成为一种突出的社会心态，以新为美表现在社会的各个方面。石材、铁艺、玻璃、地毯、浴缸、抽水马桶以及新式家具的出现，使得中国传统室内某些重要的元素逐渐过时，人们开始用一种全新的审美取向来评价室内的装修与陈设（图4）。

■ 刊登在1930年代《建筑月刊》上的盖茨公司（Getz Bros. & Co.）的商业广告（图3）

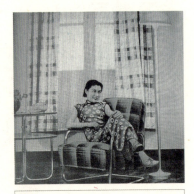

■ 当年时尚的家居装饰（图4）

》》室内风格与材料的演变

■ 中山陵祭堂内景（图5）

同时，从海外留学归来的中国建筑师也利用现代的建筑和室内材料，通过采用西方的体量组合及功能划分，局部添加传统装饰元素等设计手法，在民族形式的探索过程中逐步形成了一种中国传统风格的折衷倾向。

吕彦直设计的中山陵整体布局吸取了中国古代陵墓布局的特点，并沿着紫金山陡峭的山势设计了一系列具有强烈中国特色的带有蓝色琉璃瓦屋顶的山门建筑，整个建筑群按照严格的轴线对称布局，体现了传统中国式纪念建筑布局与设计的原则。在祭堂的设计中，吕彦直在建筑物的下半部分构思了创新的、中西交融的建筑形体，而上半部分则基本保持了传统建筑型制的重檐歇山顶的上檐，两者自然地融合成为了一个有机的整体。西方式的建筑体量组合构思与中国式的重檐歇山顶的完美组合，真正地体现了中西建筑文化交融的建筑构思。在细部处理上，吕彦直将中国传统建筑的壁柱、额枋、雀替、斗拱等结构部件运用钢筋混凝土与石材相结合的手法来制作，屋顶选用了与花岗岩墙体十分协调的宝蓝色琉璃瓦，使得整个建筑格外庄重高雅。祭堂内部庄严肃穆，十二根柱子铺砌了黑色的石材，四周墙面底部有近3米高的黑色石材护壁，东西两侧护壁的上方各有四扇窗户，安装梅花空格的紫铜窗。祭堂的地面为白色大理石，顶部为素雅的方形藻井和斗拱彩绘（图5）。

另外，受当时好莱坞影片以及报刊、杂志等媒体的影响，从20世纪30年代开始，现代主义风格的室内设计在上海的花园住宅和高档公寓中开始出现，"国际式"风格的家居装饰一时间成为时尚人群品位的象征。

1937年，由匈牙利建筑师邬达克（Ladislans Edward Hudec）设计的上海吴同文住宅建成。整幢建筑高四层，为钢筋混凝土结构。表面为绿色面砖，立面采用流畅的曲面水平线条，大面积的玻璃窗加上屋顶的圆形透明日光房，造型简洁，是典型的现代主义风格的建筑。室内没有过多的装饰，其中像餐厅的墙面、地面和天花的收口非常简洁，没有任何多余的线脚处理。室内家具的造型也非常简洁，充分体现了功能主义的设计原则。同时，建筑内部还安装有专为小舞厅配备的弹簧地板，以及空调、电梯等先进设备（图6）。

■ 吴同文住宅餐厅（图6）

物语

第二次世界大战的结束使世界形成了社会主义和资本主义两大阵营，无论是政治制度还是意识形态这两大阵营都存在着尖锐的矛盾。新中国成立后，政权理所当然地选择了"一边倒"向苏联的外交格局，1950年，《中苏友好同盟互助条约》在莫斯科签订。"一边倒"向苏联专家学习，成为国家的既定政策，甚至是政治任务。

随着苏联援助中国的第一个五年计划建设项目的展开，苏联建筑专家以及苏联的建筑设计思想开始全面进入中国。"社会主义、现实主义的创作方法"也伴随着中苏合作与友谊的加深很自然地传到中国，并担负起在建筑和室内设计中表现社会主义革命胜利和重塑民族主义信念的重任。

第一个五年计划期间，由苏联援建，采用古典柱廊和俄罗斯传统尖塔造形的北京苏联展览馆以及上海中苏友好大厦相继建成，苏联专家为我们带来了所谓的社会主义设计思想。两座建筑的建成标志着斯大林所提倡的"社会主义、现实主义的创作方法"对中国建筑和室内设计产生影响的开始。

1954年建成的北京苏联展览馆由苏联建筑师安德列夫（Sergei Andreyev）设计，奚小彭、常沙娜、温练昌等新中国第一代工艺美术设计专家作为助手参与了其中的室内装饰设计。展览馆的平面布局左右对称，轴线关系严整而明确。建筑在造型上为典型的"苏维埃风格"，正面是由18个拱券构成的半圆形柱廊，主体建筑的尖顶部分高达87米，装饰有社会主义现实风格的图案雕刻，顶端闪烁着一颗五角星。塔基平台的四角各有一个金顶亭子，与金光闪闪的尖塔交相辉映。在室内外的装饰处理上，苏联专家听取了中方设计人员的建议，吸收了大量的传统装饰元素。"如莫斯科餐厅4根大圆柱装饰以铜制的松枝、松果、卷叶，中间嵌以鸟兽。这种做法受到了故宫大门铜皮门钉的启发，又富于俄罗斯的民族风情，高雅富丽[1]（图7）。"展览馆展厅的内部装饰庄严、气派，地面为花岗岩铺砌，顶部梁架暴露，形成自然的天花藻井，梁架与天花的转角部分采用石膏图案加以装饰。

■ 北京苏联展览馆莫斯科餐厅铜制圆柱装饰细部（图7）

---

[1] 杨永生，顾孟潮主编.20世纪中国建筑.天津：天津科学技术出版社，1999.

室内风格与材料的演变

中国的建筑师和美术家在协助苏联专家进行设计的过程中，开始对苏联"社会主义、现实主义的创作方法"有了更为直观的认识和了解。苏联专家指出："在各个建筑类型的具体内容完全不相同的条件下，在所有建筑作品中，反映着国家的经济状况和政治状况，反映着国家的社会结构的性质，反映着社会物质与文化发展的水平❶。"在室内设计方面，苏维埃风格普遍使用石材、金属以及木材等高档的装修材料，同时大量地运用沥粉、镏金、雕刻等装饰手法，大型吊灯成为公共空间室内装饰不可或缺的组成部分。

"苏维埃风格"注重对古典主义的继承和发展，突出设计的纪念性和象征性，它的出现对我国的建筑和室内设计产生了深远的影响，随后兴建的包括人民大会堂在内的许多建筑及室内都可以说是这一风格的克隆（图8）。由于缺乏社会主义建设经验，在当时实际的创作过程中出现了某些把苏联专家的具体工作经验绝对化的倾向，设计师的独立思考和判断的能力被大大地削弱，对于那些闪烁着各种革命词句的理论、观点和主张，即使如坠云雾，也努力贯彻执行。一时间，复古主义、象征主义的设计风格开始风靡全国，对称式的布局形式，象征意义的装饰图案、沥粉贴金、大型的绘画、浮雕、灯具以及大红地毯等就已作为一种程式化的装饰手法被大量厅堂所采用，并且形成了一种具有鲜明时代特色的民族形式的新风格。

随着文革的结束，专业领域与国外的交流开始增多。1976年，由对外友好协会和中国建筑学会主办的"瑞典家具、灯具及室内装饰展览会"在北京展出，其中北欧现代风格的弯曲木家具和可拆装的钢管家具以及充满工业设计感的室内灯具使长期处于封闭状态下的我国室内设计工作者开阔了眼界，同时增进了与国外同行的专业交流与合作。

■ 人民大会堂中央大厅（图8）

---

❶米涅尔文. 列宁的反映论与苏联建筑理论问题. 建筑学报，1954，1：10.

物语

从20世纪80年代开始,随着国家经济的逐步好转和改革开放的不断深入,我国的旅游事业得到了迅猛的发展。逐年增多的海内外游客直接推动了旅游类建筑的发展。为了适应形势的发展,国家采取"走出去、请进来"的办法,一方面选派设计人员赴国外考察学习,另一方面聘请海外和港澳地区的建筑师以及室内设计师参与国内的建设,并取得了良好的效果。作为一个体验性很强的专业,丰富的阅历和实践经验是设计成败的关键。在与国外同行的交流和学习中,我国的室内设计师从中学到

■ 北京京伦饭店大堂(图9)

了很多书本中难以学到的知识和经验。1982年,美国陈宣远建筑师事务所设计的五星级标准的北京建国饭店以及由贝聿铭设计的北京香山饭店相继建成。在随后的几年里,北京的长城饭店、上海的华亭宾馆以及南京的金陵饭店等一大批具有国际标准的现代化酒店陆续开业,人们开始亲身感受到我们与国际水平之间的差距。

长城饭店由美国贝克特国际建筑师事务所(Beckett International Architects)设计,是中国第一栋全玻璃幕墙建筑。长城饭店室内不同的功能空间被分别安排在建筑的三个侧翼中,侧翼以中央的门厅为中心向四周伸展。全景的观光电梯、高大的中庭以及顶层的旋转餐厅使得长城饭店成为当时国内首屈一指的五星级酒店。长城饭店的室内透光中庭有6层高,是北京最早出现的共享空间。室外玻璃幕墙延伸至中庭内,使整个透光中庭显得深远开阔,中庭内设有喷泉、水池、亭子和花木,具有中国传统园林的特征。

由加拿大南塞·比尔柯夫斯基(Nassy Bilkovski)建筑事务所设计的北京京伦饭店,整体建筑布局紧凑,形式新颖。饭店的室内采用了现代风格,运用了铝合金、不锈钢以及茶色玻璃等许多当时非常流行的装饰材料。饭店大堂八根近9米高的金色圆柱格外耀眼,柱面采用了日本进口的镀钛镜面不锈钢。通向二层的楼梯和一层大堂的地面为汉白玉理石,通过天花部分木制假梁中间的镜面不锈钢的反射,整个大堂显得格外富丽堂皇(图9)。

室内风格与材料的演变

室内的基本形态是一个六面围合的虚拟空间,这个虚拟形态在空间上的表象是以地面、天花和墙体构成的实体界面。自新中国成立后,我国室内设计的重点,一直是以空间界面的艺术处理作为设计的主要内容和手段。这种基于装饰理念的室内设计在很大程度上紧紧维系于二维空间上的界面装饰,特别是以人民大会堂为代表的一批引领当时设计风格的作品,设计的主要任务是对建筑的锦上添花和对室内空间的装饰与美化,当时"室内装饰"的专业定位也正符合大家当时对室内设计专业特点的认识。从1980年代后期开始,伴随着西方各种现代主义理论的传播以及境外建筑与室内设计作品的出现,人们对空间概念开始有了一种更深层次的理解与认识。在材料选择与使用上,人们的眼界也变得日渐开阔,镜面不锈钢、种类繁多的木夹板、陶瓷、面砖以及各种进口石材开始成为这一时期室内装饰材料市场的主角。

作为一种世界性的文化语境,全球化的影响已受到整个世界的关注。由于交通、通信以及数字技术的不断进步,各个国家和地区之间的影响和联系显得越来越重要。进入1990年代以后,全球化引起的世界文化趋同性以及日益密切的国际交流促进了国外设计师作品在中国的大量出现,室内设计专业开始步入了全球化、商品化发展的新时期。

1990年,由美国约翰·波特曼(John Portman & Associates)事务所设计的上海商城建成开业。上海商城的设计将西方现代的设计思想同中国传统的建筑理念相融合,通过重复出现的抽象的传统木构建筑节点符号来诠释中国文化。上海商城的室内空间连贯通透,在色调典雅的大厅内,采用现代的手法将金箔覆于具有抽象意味的太湖石上,同时配以重点的照明,使其成为了室内的视觉中心。室内还运用了大量的传统陈设艺术品,并通过"隐喻"、"倒错"等后现代的处理手法,创造出了高雅的室内环境和艺术格调。波特曼设计的上海商城,不仅开阔了国内设计工作者的眼界,同时也带给人们很多启示,拓宽了人们在追求民族形式创作上的思路与想法,因此它对中国室内设计发展的影响要远远大于建筑本身。

由法国建筑师保罗·安德鲁(Paul Andreu)设计的上海浦东国际机场,室内缓缓弯曲的屋面由独特的构架支撑,纵向构件被装饰成阵列的白色圆柱从翻转的顶棚悬挂下来,营造了一个开阔的如天空般的顶棚。整个建筑以玻璃和金属为主要材料,细部设计极为精致,总体效果充满现代气息和未来感(图10)。

■ 上海浦东机场出港大厅(图10)

物语

　　上海威斯汀大酒店由美国约翰·波特曼事务所（John Portman & Associates）设计，室内由HBA设计顾问公司（Hirsch Bedner Associates）完成。在中庭的设计中，设计师秉承了波特曼事务所一贯的设计风格，增加了人在空间中活动的趣味性和互动性，并使其演变为一个展现流行文化和消费文化的场所。在空间布局上，设计师通过将空间打散，削弱轴线关系，建立散点透视，运用框景、借景等手段来传达一种中国式的文化内涵。中庭的中心是一个由高大棕榈树和潺潺流水环绕的休闲空间，由艺术家制作的抽象玻璃艺术品格外引人注目。同时，HBA在中庭西侧正对入口的位置设计了一个号称全世界最大的曲线悬挑玻璃楼梯，楼梯内藏有数万种色彩的LED照明，夜晚可以发散出五彩斑斓的炫目色彩，单一的交通空间也由此变成了一座绚丽的舞台（图11）。

　　外滩3号位于原上海天祥洋行大楼内，大楼建成于1922年，是上海第一座钢架混凝土结构的建筑。全新的外滩3号由享誉世界的后现代主义建筑大师迈克·格雷夫斯（Michael Graves）设计，建筑内拥有阿玛尼中国首家旗舰店、沪申画廊、依云水疗中心以及四家餐厅和一间音乐沙龙。外滩3号的设计在保留了原有建筑外观的基础上对内部空间进行了大规模的改造。在设计中，格雷夫斯将现代建筑语言与上海的地域文化进行了重新组合，他创造性地把街景引入了室内，同时增加了很多"擎天柱"以加固这幢百年老楼的承受力。内部呈螺旋式上升的楼梯取代了原有的消防楼梯，踏步表面发光石材的独特质感，强调了交通空间的趣味性和指向性。建筑内部的通道设计也力求让人们产生抽象的街区和道路的感觉。建筑室内东侧的中庭，从三层的画廊开始逐渐向上倾斜一直贯穿到顶层，造成一种强烈的纵向透视效果，地面冷暖相间的石材对比以及抽象的金属雕塑，进一步将街道的活力带入到建筑物的每一个细节中（图12）。

■ 上海威斯汀大酒店中庭（图11）

■ 外滩3号室内中庭（图12）

>> 室内风格与材料的演变

■ 扎哈·哈迪德设计的"未来家居"（图13）

2004年，英国建筑师扎哈·哈迪德(Zaha Hadid)关于"未来家居"的概念设计在北京展出。哈迪德诠释的"未来家居"带有强烈的解构主义特征，墙壁、地板、天花以至各式各样的家具都被结合到一整块平滑无缝的弧面上，凹入的是面盆，凸起的是桌子，俨如一件巨型的雕塑。哈迪德的设计语言强调曲线、严整和不同元素之间的平滑过渡。扭曲造就了各种形态的融合，通过这种扭曲，家具融入了动态的整体，并成为整个有机体中不可分割的一部分（图13）。

室内设计是包含空间、造型、色彩、材料以及物理等诸多特定条件因素的综合产物。每一位优秀的设计师都会对材料这种构成空间的基本要素有着充分的理解和认识。正如瑞士著名建筑师赫尔佐格所言："有些东西不太引人注意却影响着人们的日常生活，住在用混凝土造的房子里和住在用木、石建造的房子里是不同的，材料不只是行成了围合空间的表面，而且也携带并表达着房屋的思想。"目前，设计领域中的新技术与新材料层出不穷，发展迅猛。人们已逐步从原有传统的设计思维中解脱出来，在设计中更加强调材料的使用方式和构造方法，通过新型材料的应用、传统材料构造方式的变化来求得空间和形式的创新。新技术、新材料的大量出现，极大地丰富了设计成果的形态，并影响到了设计思维与观念的转变。同时，人们对环境保护、可持续发展观念的日益重视，也极大地改变了传统材料的格局，材料带动设计已日益成为一种趋势和方向。设计师如何充分尝试运用敏锐的思维，重新发现生活中人们已习以为常的问题，挖掘和延伸材料的表现力，造就出天马行空优秀作品，更好地让材料带动设计，是我们需要不断完善与解决的重要课题。

物语

从认识到认知——关于石头话题

>> 林 洋

- 1993年中央工艺美术学院环境艺术设计系毕业并留校任教
- 现任北京清尚环艺建筑设计院总建筑师

>>> 从认识到认知—关于石头话题

石头,古老的材料,它比木头难于成形,也远不如泥土易于塑造。即便如此,它完美的体积质感,所表达的视觉印象,展示出一种不可抵挡的魅力,如同米开朗基罗在六个奴隶中所创作的一样——在大理石粗糙的石质中显露出一系列精美的雕塑,它们看上去粗糙和未完成,却同精致加工的作品及完整品一样,给人以震撼(图1)。多少年来,建筑师们也想在他们的领域达到"同一个目的",直到如今仍然如此。我一直认为石头丰富的质地构造、色彩和表现力是其他的材料所无法比拟的。

我对石头的认识源于自己专业的应用。在设计工作中,经常接触石头,国外的与国内的大量石材以不同的"身份"与"档次"粘贴到建筑的表面,像是女人不恰当的扑粉,表面又难以持久,这产生了新的问题:人们认识了石头,但真的知道它吗?石头是一种很复杂的材料,它所产生的语义是多样的(图2),在很多领域都可以体现它的价值。在它应用最广的建筑艺术上,直到20世纪前期,建筑师们并不像现在这样有集体进行教育的学院,而是有一个特定的训练过程,就是"学徒制",学生与一名熟练的师傅共事、见习并研摩他们的作品,亲手去长时间的体验、制作,直到完全学会如何使用石头,赋予建筑以生命,而当Stanford White被Henry Hobson Richardson雇佣的时候,这种延续了几个世纪的师徒方式中止并消失了。现如今的建筑师们在学院中完成教育,面对材料的直接经验开始缺少,大量的理论研究并不能取代直观的体验,这样的后果导致了对石头的应用产生偏差,结果是很好的材料被无谓浪费和错误的使用。

■ 被缚的奴隶(图1)

物语

■ 表达的语义（a）

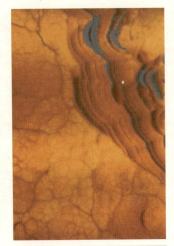
■ 光的语义（b）

■ 雕塑的语义（c）

■ 雕塑的语义（d）

■ 建筑的语义（e）

■ 石头产生的语义（图2）

》》从认识到认知——关于石头话题

■ 古代的石阵(图3)

现在回想一下石头的历史,我们很难想像世界建筑中如果没有新石器时代的巨石阵、埃及的金字塔、希腊的神庙、罗马的斗兽场、哥特的大教堂会是什么样子。这些经典的石头建筑描画出了时代的演变,在这个演变的过程中,石头从几千年前的巨大石阵,过渡到有着墙与屋顶的结构,到柱体、拱门和圆顶(图3~图6),体积和力量被渐渐的弱化。虽然石头的利用率高、持久性好、强度高,是建筑的首选,但从19世纪早期到20世纪中期,由于新材料的出现:砖瓦、陶、混凝土、玻璃、金属,石头与它们产生了竞争,这些新兴材料易于反复制作,易于长途运输及安装。石头在建筑界的地位被逐渐取代,而面对这一切变革,石头的应用也相应进行革新,这革新无外乎两个方面,一方面在于石头的加工上,而另一方面则在应用的扩展上。由于新的切割方式,薄的石头镶板可以固定在建筑的任何高度,这产生了新的问题,那就是石头作为建筑材料的原始意义已经被削弱,石头的内在品质得不到体现。在新的环境里,石头变得没有了个性,而这样的建筑因为一个时期的错误审美而大量产生并存在于我们周围。那石头的未来应该是什么样子?它应该接受新的技术和新的经济性吗?还是更应该结合一些新的表现方法,来赋予它新的意义,新的美学标准。

物语

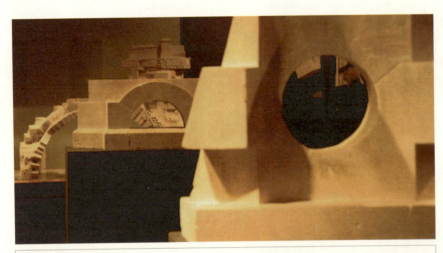
■ 建筑构件（图4）

■ 石头与建筑结构（图5）

■ 外墙的石头（图6）

>> 从认识到认知——关于石头话题

一、石材的开采与制造

现代的技术工业发展，使20世纪的企业家改变了制造业的贸易规则，机械化节省了人力和时间，从而大量节约成本，但直到20世纪60年代，石材制造业才完全接受了Henry Ford的两条基本生产原则：

（1）制造标准的可替换的部件；

（2）以最少的人力装配它们。

石材制造业不得不遵从这些准则，因为同其他20世纪末商业领域一样，石材制造业也受到全球市场的影响。为了在这种环境中竞争，石材制造业开始了专业化，大规模的机器代替人工。现如今最先进的石材加工设备在几乎不影响成品质量的条件下减少材料的浪费和成本。随着设备越来越先进，已经很少有工作需要人工完成。现在，世界各地各种各样的石头都可以获得，成本得到降低，渠道更加顺畅。

在古罗马时期，意大利的石材成百吨的出口海外，以应需求。如今这样的模式应用到了全球的范围（图7）。在罗马郊外的采石场采石，在深圳切割和制造，在北京安装，已是常事。由于燃料运输和劳力消费，相比于建新楼的其他消费已是最低限度，所以原材料行业的运动正在呈指数上涨。

■ 石材的发源地（图7）

物语

二、石头的选择与应用

石头的选择是很有意思的,它的原则在于它的应用,几年前在如今国家图书馆的入口,业主要选择一块石头来做为入口的基石,要有气势和纪念性,当时在征求意见时,设计师安德鲁的意见是"在中国某一个文学家或诗人的家乡选一块石头,最好是要在海边的峭壁上的石头",在最后的选择中,我们还是在北京的山脉中选择了比较拙的厚重的基石。这虽然不符合中国传统文人的审美浪漫,但可能更符合国家图书馆的博大与厚重感吧(图8)。

选择专门的石头,决定合适的形态,评估建筑的程序,这些一开始就要对在采石场中资源的可获取性有所了解。每块石头都有它进化的痕迹,采石场是它作为建筑材料的潜力能被充分意识到的地方。在这里设计师可以决定以普通的方式还是不寻常的方式来应用它。设计师从这里获得的信息,与从其他任何感人的设计中获得的信息一样多(图9)。制造商的资料和销售的样本可以提供给我们知道石头的强度、吸水等级、费用和可用性的数据,但是从提供给建筑师的办公室里的2in×2in的样本中几乎什么切实的品质都了解不到。要鉴赏一块石头的颜色范围、用于详细设计的潜力,或是它加工后表面捕捉光影的能力,需要从它的来源处仔细的检查。

■ 国家图书馆的基石(图8)

■ 矿石的脉络是选材的依据(图9)

>> 从认识到认知——关于石头话题

很幸运，我在新保利大厦的工程参与过程中，有机会参与了从设计到材料的选择的全过程，在设计中，石材（意大利产优等石灰岩）的选择与用法成为关键。建筑中石材的应用是一种实与虚的对比，并在这两方面达到了极致。大面积的朴实无华的石头确立了建筑的体量与气势（图10）。从远处看去，整体的印象由于极简单而给人以极大的冲击。而这大面积的效果要有合适的设计与细节的把握才能完成。所以，材料的选择与节奏的设计变得非常重要。这里我们有一些石材分割的草图与石材做法的节点图（图11）。从中可以看到，适合的选择石材和适合的应用它们是何等的重要。在立面设计中大面积的平面切割与尺度产生了灵活的变化。在保持大面积统一的原则下，临近的石材之间存在微妙的色彩与质感上的差异，这使石材的选择和搭配的难度增加了不少。另外一点是石材的厚度要求都在5cm之上，这在国内是很少见的。这些特点延续了部分古典石材的应用原则，尽可能地体现出了石材的质感美。特别是在建筑折角部分的处理，更能体现出

■ 外立面石材的分隔是变化的，石材的色彩是变化的，虽然是大面积的平面，但效果是丰富的（a）

■ 室内石材的选择比室外要"柔和"一些（b）

■ 国家图书馆的基石（c）

■ 铜与石材的大面积对比（d）

■ 使用大面积石材建筑的体量与气势（图10）

石材在建筑中的古典气质。这种气质在大师贝律铭的设计中有很多体现（图12）。在中国美术馆的设计中墙边的转角也应用了这种手法，但只是仿真。在改造项目中，由于资金和结构的局限，也只能如此而已。石材在建筑中的使用有很多种方法，而这些方式提供了更多的可能性，原建筑看上去有自己的个性，石材的本质美也通过建筑得到很好的体现。

物语

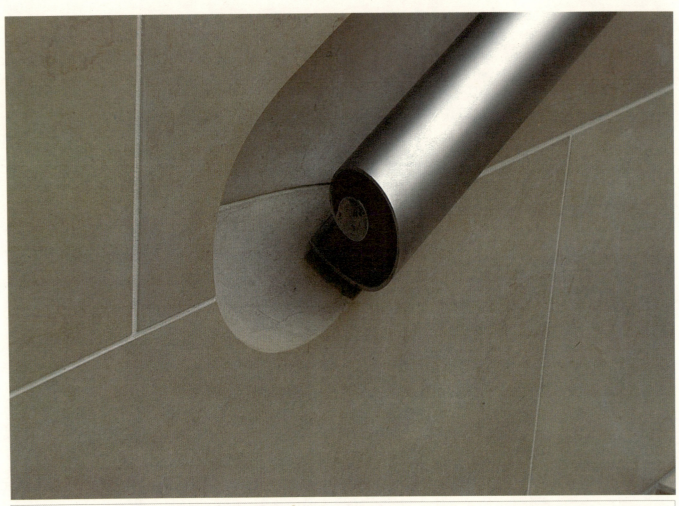

■ 石材节点做法（贝聿铭–卢浮宫）（图11）

>> 从认识到认知——关于石头话题

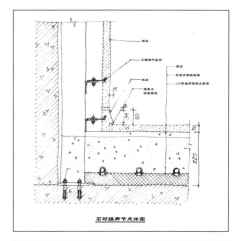

石材踢脚节点详图

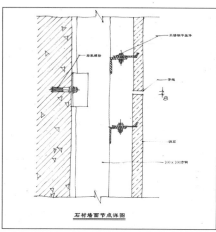

石材墙面节点详图

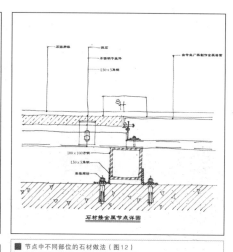

石材接金属节点详图

■ 节点中不同部位的石材做法（图12）

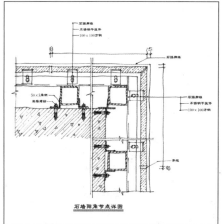

石墙阳角节点详图

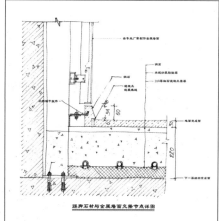

踢脚石材与金属墙面交接节点详图

物 语

■ 声波的曲线平面图（a）

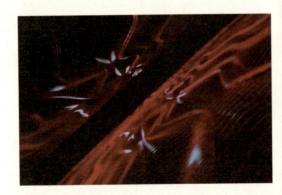

■ 声波的3D曲线（b）

■ 根据声波曲线加工而成的石材（c）

■ 石材的质感肌理（图13）

■ 石材被不同的手段处理成不同的含义（d）

》》从认识到认知——关于石头话题

■ 表现的是石材纹理本身（e）

在石材的内在含义被不断改造的今天，石头的未来会在一种什么状态下存在。现今的欧美建筑，石材应用的越来越少，只有在现阶段的中国，基于一种"特殊"的心理需求和低价的人工费用，石材才得以大量的应用。随着能源的危机与人力成本的提高，这种状态又能持续多久。我们不得不认真地思考这个问题。在石材未来的应用领域，西方的设计师已经开始了新的探索，石头的本身内在气质开始被重视，质感肌理的使用可能性被重新挖掘（图13）。人们开始研究从另一些角度看石头，它的色彩、形式、纹理被赋予新的含义，在不同的环境中，在不同的光线下，与人们的心理有了新的交流，新的多元化时代来临了，同一种材料在历史的不同阶段得到不同的阐释，这里有历史的，也有文脉的，但不管如何它的魅力依然不变。

物语

材料与空间

》》杨宇

- 1995年毕业于中央工艺美术学院环境艺术设计系并获学士学位
- 2000年毕业于马萨诸塞州立大学室内设计专业并获硕士学位
- 2000年至2006先后任职于美国波士顿ADD建筑事务所及美国DCI思亚国际设计集团
- 2006年至今任教于中央美术学院建筑学院

>>> 材料与空间

凝视的游戏

在全球三百四十一家路易威登分店中,只有五家顶级旗舰店够资格称为"路易威登大楼"(LV Building),青木淳包办其中三家……他设计的东京表参道店,运用金属网的质感,营造出整栋七层楼建筑。笼罩在丝网下,建筑表现出若隐若现的轻柔美感。……在这项作品中,青木淳更大胆运用整面的微透光玻璃反照出行人的影像与街景,让行人可以想像自己身在店中的景象,进而被吸引入内。"这是一种视觉凝视的游戏。"青木淳解释。

《商业周刊 2006.7》

在密斯的哲学里,"空间应该是流动的,它不再是虚拟的概念,而是以人的知觉为中心的人性化的延伸"。在青木淳的世界里,空间的流动是依靠影像对视觉的延伸来实现的。使建筑与人的互动的趣味在于通过对建筑构件的表层材料进行重构所产生的影像来引导人的视觉走向。设计师的使命和作用随着时代而敏感地在变化。新时代的空间设计,不再是停留在用材料包裹建筑结构的行为上,而是变成了充满个性的材质和形体自由地在空间中舞动;不再仅仅是'形'的设计,而是更注重'影'的设计,我也正是基于这点开始了对室内建筑材料与视觉空间的思考(图1)。

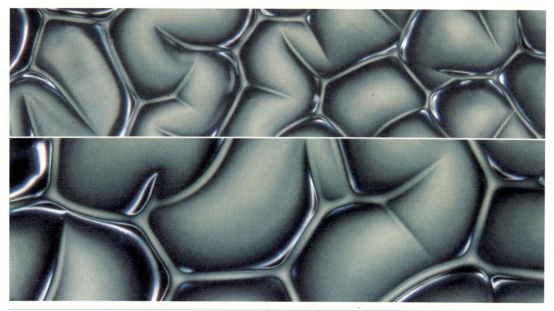

■ 在显微镜下观察流动的胶脂(图1)

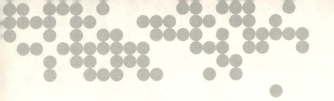
物语

　　早在几千年前，祖先们在昏暗的洞穴中，就开始将他们所看到的动物、植物、狩猎、战争等影像描绘在他们日常生活所用的器皿上，从那时起，他们已懂得将他们对这个世界的感知与体验附着在这些具有功能性的物体上，使单一的器皿表层成为具有生命的叙事性虚拟空间。面对现代科技的发展，多媒体技术所展现的绚烂多彩的世界正在改变我们对世界的认知。电影、电视、录像、电脑等无形的数码媒体越来越多地占据了我们传统的影像世界。空间变得越来越个性化，正如美国建筑评论家Herbert Muschamp所说："主观想像已占主导地位，建筑师们如同超现实主义者一样，似乎一定要混淆清醒的现实与梦幻的想像之间的界限。"设计师在探索设计的未来，试图将现实和发展的主题反映在设计风格之中，虚拟与现实的世界正在设计中被模拟和创造，从而影响着材料的形式、功能和施工方法。

　　在设计师不停地追寻梦想的过程中，材料的潜力在新的科技手段下被无限的激发，作为结构表层的石材、金属、木材、玻璃等传统建筑材料，当它们的形状被扭曲，体量被分解后，一方面，表层材料不仅作为对结构内部形态的限定而存在，同时作为对结构内部形态的外在反映，材料自身构成了一个独立的元素。当这种想像力被应用于空间设计中，墙体、柱子、地面、顶棚等不连续的建筑构件由于表层材料的重构在视觉上产生的延伸性，使空间流动起来。那么如何才能将视觉延伸？将材料作为一个独立对象来思考？

　　"我们就像是一群在时代变化的泡沫中彷徨的生物"。新的装饰材料的出现，也使许多设计师变得单纯为了展现材料的视觉效果而在设计中同时大量运用各种材料，装饰材料的使用越来越变得轻率和"杂乱"，结果使大量的室内空间成为了没有操控的"材料垃圾场"。然而，材料的运用从本质上来说，它应当是由设计理念的主导而产生的与空间形态相关的系统工作。通过实践，我逐渐意识到，新型材料的加工工艺和施工方法对改变我们以往所熟悉的空间形态，起着越来越至关重要的作用。现代技术对传统材料的复制，以至超越，使设计师应当不断致力于对材料与空间形态的协调与探索。材料学的"科技运动"使混合型材料成为当今设计的新现象。在这些手段和过程中，设计师应当非常清楚地认识到只有坚持建筑空间的最本质的视觉导向，运用全新的材料系统，才能在这个时代中，去表达设计的情感和对空间形式的探索，以及寻找将带我们走向未来的灵感。

>> 材料与空间

■ 中国气象局华风影视大楼（图2） 设计：杨宇

材料与空间形体

形体是一切物质最直接的物理表达。在旧石器时代，原始人通过对石头的简单的砸、摔塑造出能满足基本使用功能的石块形状。现代工业技术的发展，促进了建筑业的发展，建筑装饰材料生产技术的革新，使生产出轻质、高强、美观、多品种、更经济的建材产品成为可能。富有动感的曲线是在室内空间中最具有视觉冲击力的元素。在高迪的时代，天马行空的曲线就已经成为建筑师对建筑极限的挑战。在科技时代，各种合成材料通过先进技术的加工，更可以满足设计师对形体塑造的探索（图2）。

物语

空间的整体色调与空间形式来源于我对自然形态的理解。大堂空间顶部由玻璃构成的巨大的发光体充满了运动感和生命力。线条以水平和垂直方向展开，就像是空气的流动，丰富了空间的形象。天、地、墙的结构和相互关系原本处于均衡的形式，我希望通过这一组发光形体的运动感不仅改变这一均衡，并且使几个建筑元素在流动的形体中相互连接，将空间与人的距离拉近。半透明夹胶玻璃结合热弯技术，使形体的实现成为可能，也使照明能够和形体结合。内透光的运用起到了对巨大的形体的"虚化"作用。由于技术上的进步，运用夹胶玻璃可以实现自由的曲线造型。然而，在我看来，"光"与"形"结合的目的不仅仅是为了明亮的看清形体的变化，也不仅仅是为了表现视野内形体本身的延伸。它所形成的影像，直接使人的视觉在空间中形成虚实变化，对内心世界产生了无限拓展的影响。当人置身其中，会有一种消失在空间中的错觉（图3）。

■ 中国气象局华风影视大楼（图3） 设计：杨宇

>> 材料与空间

■ 在其他空间中运用Solid Surface体现流动的造型 中国气象局华风影视大楼（图4） 设计：杨宇

　　图3的空间概念来源于日常的体验中对四季的感受，四季是有序周而复始的。然而在宏观的自然世界中，所处的空间的不同，四季可以发生在同一时间中，因此，季节可以看作是在运动中变化无常的状态。风、雨、雷、电在空间中已经完全不是普通意义上的自然景观，而是由人通过技术与空间形态处理而产生的虚拟视觉效果。此空间包含咖啡、茶艺、酒水等不同功能分区。由于空间相对狭长，为避免各类型休息区将整个空间分割成若干个狭小区域，阻碍人们视线，我在附属空间的处理上将大堂与附属区做整体考虑，延续了大堂富于动感的造型。在整个设计中，我力求通过形体和材料来表达这种潜在的运动感（图4）。

物语

空间中大部分的曲面造型都是我通过人造石（Solid Surface）的热弯技术来完成的。人造石（Solid Surface）由于是以天然矿物（三水合氧化铝）为主要成分（55%）加上以专业高分子交联工艺融合树脂中特有的MMA形成的聚甲基丙烯酸甲酯（40%），再揉合颜料（5%）而成。因此，天然物料难以加工的缺点得以用科学方法消除，致使人造石成为既有天然美感及高度可塑、成为建筑以至室内设计界前所未见的全新素材。其结构像天然石材的坚韧、结实，而且没有毛细孔，用木工机械就可以灵活设计和加工制作成型（图5）。

吧台台面及墙体下部分不同弧度的连续曲面造型是利用人造石特有的同色合剂，与多段曲面连接而成一个整体。专用的接缝粘合剂在安装现场结合，并经过现场打磨使接口平滑平顺。人造石的白色与墙面及顶棚的白色融为一体。通过这种加工技术而实现的连续曲面造型，仿佛流水从大堂流入内部空间，实现了我希望用统一的建筑元素将不同的功能分区联系在一起的最终目的,保持了开放和流畅的视觉效果。所形成的被强化了的空间特征给人带来了对动态的感知与体验（图6）。

■ Terrazzo颜色组合
<Mondo Materialis-Materials And Ideas For The Future>
Beylerian/Osborne （图5）

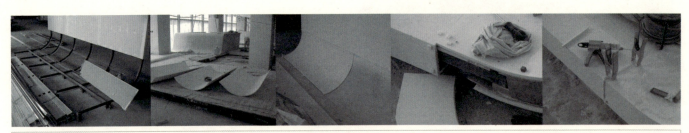

■ Solid surface的现场加工过程　中国气象局华风影视大楼（图6）　设计：杨宇

>> 材料与空间

地面采用环氧特悦石无缝艺术地坪（Epoxy Terrazzo）技术。环氧树脂正被广泛用于建筑地坪的装饰，这得益于近年来无溶剂液态环氧树脂的迅速发展，以及施工技术和施工设备的完备。环氧装饰地坪是以彩色石英砂和环氧树脂组成的无缝一体化的新型复合装饰地坪，通过一种或多种不同颜色的彩色石英砂自由搭配，形成丰富多采的装饰色彩及图案，具有装饰质感优雅、耐磨损、耐抗压、耐化学腐蚀、防滑、防火、防水等优点。应业主的要求，我请平面设计师绘制了地面图案，图案内容是最新颁布的气象符号。线条的处理是对顶部发光体巨大体量的缓解。无缝拼接和图案的自由搭配实现了"一把符号撒落在天空中"的设计概念（图7）。

尽管工业革命已经彻底改变了我们的生活方式，但许多传统的装饰元素始终在影响着我们的生活。在我们这个新技术辈出的时代，许多延续了古老文明的传统装饰手法，开始以一种新的形式被利用。我们的设计小组在IBM E-Business室内中确定的设计理念是通过柔性材料中的软膜顶棚（Fabric）实现对传统装饰中的"幔帐"和"华盖"形式的再创造（图7）。软膜顶棚采用特殊聚氯乙烯材料制成，由于实现了防火等级的要求，因而逐渐越来越多的作为公共空间的装饰材料被应用。它所塑造的形体不同于木材、金属等固化材质，突破了传统固体顶棚的形状固定缺陷和小块拼装缺陷，可大块（达到40m²/件）使用，形成多种平面和立体的形状，使空间设计具有完美的整体效果和无限的创造力。

（图7）

物语

在一个以信息技术为主导的办公空间中（图8），柔性材料这种由科技手段造就的"自然性"，使周围的金属、机器所组成的"硬质"工作环境得到缓解。它自身轻质柔软的特性使人的视觉自然的产生舒适性。在施工过程中，材料通过多次切割成形，并用高频焊接完成，它按照我们在实地测量出的顶棚的形状及尺寸在工厂里生产制作，软膜扣在金属龙骨上。这种明龙骨的做法是我们对传统的"伞骨"的有意模仿，是采用现代的施工工艺实现对传统装饰的致敬（图9）。

■ IBM E-Business（图8） 设计：ADD INC./杨宇

■ 在施工前对顶棚材料及形式进行研究的模型IBM E-Business（图9） 设计：ADD INC./杨宇 模型制作：杨宇

>> 材料与空间

透明材料与视觉空间

　　一只已经死亡的手掌在X光下（图10），贯穿手掌的血管已经由于坏死而改变了颜色，因而呈现出清晰的脉络图案。这在我们每天的生活体验中是视觉所无法触及的，这样的影像是现代科学将个人的感受的延伸，现代科学技术一次又一次的将所有物体内在所隐藏的事物赋予了形体。由此，我们的视觉渗透到了固化的形态中，所有的内在被呈现出来，在这短暂的瞬间，给了我们所熟悉的世界一个不同的定格。内在的空间得以释放，视觉的延伸使我们越来越接近了"世界的中心"。当手掌被泥土所包裹的时候，手本身的形态被弱化，它与泥土合为一体，成为了泥土的一部分。外在的材料掩盖了手的生命力，使结构被固化。这与X光下的手掌形成对照：同样的结构体系在表层处在不同的状态时所呈现的形体视觉效果是如此不同，而这一切都反映了表层（材料）对视觉的引导性（图11）。

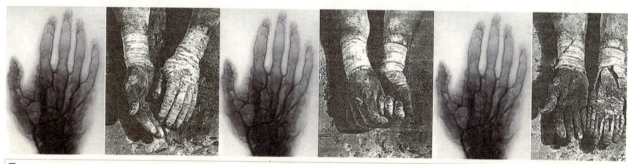
■ \<Envisioning Science\> Felice Frankel（图10）

■ 透明材料和光影研究 （图11） 设计：梁文　模型制作：梁文　摄影：梁文

物语

透明材料的运用目的在于它利用视线的穿透性引导视觉走向。当透明的表面被赋予了不同程度的色彩或影像时,材料本身形成了独立但模糊的面,它在光线的影响下,所形成的影与自身的表面成为互动关系。丝网印夹胶玻璃的原理来自于夹层安全玻璃,它是在两层或多层玻璃之间夹上坚韧的聚乙烯醇缩丁醛(PVB)中间装饰膜,经高温高压加工制成。中间装饰膜可制成透明、乳白及各种颜色或图案。这种特殊工艺在玻璃上的应用使这一材料产生了千变万化的视觉效果。通过这种特殊材质的运用,使我们的视觉在影像的重叠所营造的介乎于真实和虚幻的世界中游走(图12和图13)。

在图12的空间中,我将风、雨、雷、电、云经过平面设计抽象化,图案通过丝网印夹胶玻璃用来装饰空间中的五根柱子,柱子本身被相似的图片包裹。半透明的图案与背景图片相重叠,若隐若现的视觉效果使表面材料具有视觉穿透性。当人在行动中观看画面时,重叠的影像会随着人视线的角度而变化,从而与人产生了互动的关系。图13中我对每个楼层设定了与气象有关的主题和色调,并且要求平面设计师根据主题与色调设计了不同内容的主题图画,分散在电梯厅和走廊等公共区域内,同样采用半透明的玻璃图案与背景图片相重叠的手法。我运用彩色夹胶玻璃的目的就是通过改变玻璃表层的传统形态,使材料与内部结构形成的空间感被展现出来,每副画面更像是一个微缩的虚拟空间,影像在这一空间中得以延伸(图14)。

■ 中国气象局华风影视大楼 (图12~图14) 设计:杨宇

>> 材料与空间

■ 中国气象局华风影视大楼（图15） 设计：杨宇

我在楼梯间的设计中则将半透明夹胶玻璃以模块化的形式设计成楼梯护板，使所有的玻璃形成了一个内环的空间(图14)。每块玻璃由于自身的不透明性，使围合空间的体量关系更加明确。另一方面，玻璃的透光性使自然光线能够进入到围合空间内，并将它们散射到周围环境中。建筑空间的明暗关系随着自然光线的改变而改变。当人们在不同的时间和速度中穿过时会感受到让人心悸的流动色彩（图15）。

我将图15大厅空间基本设定为由表层(Skin)、悬浮(Floating)两种元素构成。

表层(Skin)：以1200w×1200H为标准模数的方形玻璃具有不同的色彩倾向（彩色夹胶玻璃）。玻璃通常作为结构表层而存在，但当它们的色彩被界定，体量被分解后，玻璃不再是单纯的墙面装饰元素，每块玻璃反映出不同的内部环境，成为了建筑空间的一部分。它成为人与环境之间通过不同类型的媒介所进行的视觉传达。

悬浮(Floating)：同样以1200w×1200H为标准模数的方形玻璃悬浮在空中，以树枝状金属件相互连接，它们在空间中是灵活的结构元素。垂直玻璃板将顶部分割成等距的垂直空间，当光、空气、人流等不同元素从其间穿过时，不同颜色与光线的融合，它表达了一种流动着的信息。光影与色彩、人的运动，都被以各种形态映射在空间中，形成了物质与心理双重意义上的意境。

物语

"白银时代"金属工艺对空间的塑造

在二战后的建筑工业化时代（图16），摩天大楼的出现，使人们开始意识到：只有金属和玻璃才能让人如此接近天空。而在科技高速发展的今天，电影、电脑为我们构建了一个又一个Star War、Matrix那样由银灰色所构成的虚拟的世界。工业设计、家具设计等行业与建筑及室内设计越来越相互融合协作。金属伴随着像iPod、Sony等为代表的加工业高新技术，在建筑细部设计中拓展与延伸。精巧的五金构件和细腻的金属饰面使室内建筑空间更加符合"坚固、实用，美观"的理念。人们同样开始意识到：只有金属能够让人如此接近未来（图17）。

■ 金属工艺概念设计<Mondo Materialis-Materials And Ideas For The Future> Beylerian/Osborne（图16）

■ 首都机场3号航站楼（T3A）（图17） 设计：Norman Foster 电脑绘图：Ustech联合空间技术

》》材料与空间

诺曼·福斯特(Norman Foster)认为："在建筑中，就像在自然界一样，颜色应该和目的一致，选用颜色标志和其他能通过视觉联想到使用功能的物体"。他所一贯坚持的"色彩与目的相一致"的原则在香港机场、北京机场T3A航站楼等建筑室内空间中通过对细部结构的金属材料的运用得到了完美的体现。大量的建筑暴露结构结合铝合金、不锈钢等金属材料和五金构件在室内装修中广泛应用。所有室内构件都以功能的必要性为出发，以外加工成品构件在现场组装的方式创建了以现代金属加工技术为基础的"银色世界"（图18）。

景观电梯井道设计采用单元模块挂装，支挂件与钢结构焊接，稳定性、牢固性比较好。采用国内已取得的标准化的小单元挂装的成熟经验，全部开放式胶缝设计，以便于板材的更换和维修；隐框式安装，铝型材表面阳极氧化，钢结构骨架表面热镀锌处理；玻璃采用12mm透明钢化玻璃，电梯门套采用3mm铝单板加工完成。所有铝单板表面均采用氟碳三涂处理。铝板色泽采用银灰色。

■ 首都机场3号航站楼（T3A）（图18）　设计：Norman Foster　电脑绘图：Ustech联合空间技术

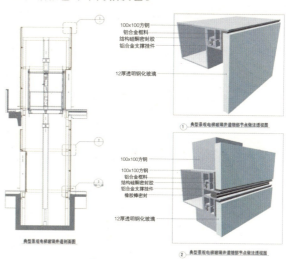

物语

■ "卡西诺" 铝合金卫生间隔断（图19）

让我们再把目光放到一些眼前细小的事物中：

图19是一种新型的卫生间隔断，设计体现了现代简洁的工业化风格。所采用独特的隐藏合叶，拉管采用嵌入式拉管，能与板材有机的结合，在增强牢固性的同时使整个隔断的线条更为流畅，外形更为一体化。暗藏式较链，通过弹簧自动回归，无上下回落差，同时又解决了通常平开门出现的缝隙问题，与型材紧密结合，便于清洁卫生。铝合金质地使支撑脚更耐腐蚀，可调支撑脚使安装更方便。一体化的铝合金型材设计，使产品从形式上看更为简洁、线条流畅，外型更为一体化，在后期使用过程中也易于清洁。这个看似简单的卫生间隔断产品，实际上向我们传达了两个信息：1.铝合金加工工艺在民用室内设计的广泛应用所达到的精巧、细腻；2.室内设计中，某些与使用功能有关的构件（例如合叶等）的隐藏可以用通过成熟的金属加工业来实现，从而可以帮助我们将"极简"的概念发挥到更大的空间。

以铝合金为例，从1930年开始，在国际建筑领域系统中，铝合金材料就已经成为门窗和幕墙及建筑受力构件的首选材料了，随着现代铝合金行业的不断发展，铝合金材料开始作为室内装饰用材以及家具构件而被广泛应用，并且随着应用程度的深入，铝合金保持了铝制品质轻的特点，但机械性能明显提高。铝合金材料的特点有以下几个方面：

（1）质轻、高强：铝合金材料多是空芯薄壁组合断面，方便使用，减轻重量，且截面具有较高的抗弯强度，做成的构件耐用，变形小。

（2）密封性能好：铝合金本身易于挤压，型材的横断面尺寸精确，加工精确度高。

（3）造型美观：铝合金表面经阳极电化处理后，可呈现古铅肝铜、金黄、银白等色，可任意选用，经过氧化光洁闪亮。

（4）耐腐蚀性强：铝合金氧化层不褪色，不脱落，不需涂漆，易于保养，不用维修。

>>> 材料与空间

在"白银时代"里,像铝合金这样的轻质金属已经不再是作为结构体系的一部分而存在,而是逐渐形成了一种独特的空间语汇。在现代的生活方式中,金属材料已经不再作为大面积的装饰板材在室内空间中所应用。在符合功能需求的前提下,它逐渐渗透在室内空间中各种"隐蔽"的细节中,与我们每天的使用息息相关。有时甚至需要通过我们的触摸才能感受到它所表达的质感,原材料加工和施工工艺的快速发展,使精巧的金属构件能够帮助设计师建构一个纯净的建筑空间。原本出现在虚拟影像中的银色世界,在建筑空间中以更细腻、更人性化的姿态展现出来。它架起了后工业时代通往未来世界一座充满幻想的桥梁。

第 2 章

悟语

- 王　琼
- 李朝阳
- 李俊瑞
- 梁　雯
- 涂　山
- 杜　昀
- 王　伟

悟语

质地的表情和主题的隐喻

》》王琼

- 金螳螂设计研究院院长
- 东南大学建筑学院兼职教授
- 中国建筑装饰协会设计委员会副主任委员
- 中国建筑学会室内设计分会理事

》》质地的表情和主题的隐喻

■ 人体对织物的依赖,织物对人体的呵护

■ 在冷光下的皱纸

■ 钢板被腐蚀的表情

我想谈的不是材料的物理性,而是材料的质感对视觉感受的转换。俗话说,量体裁衣,这只是针对空间而言,对设计师来讲,我们表现的不仅仅是空间,更重要的是各种界定室内空间的表皮肌理,这种表皮肌理的表现力、视觉传染力以及触觉的感受,都能教会我们如何思考材料、运用材料。所以对于材料,我们设计师更需要了解的是各种各样的材料、肌理所组合起来的效果,而不仅仅是物理性。

肌理是指材料表皮的质感,通常理解为通过肢体的触摸和视觉的触摸来获得对材料感觉的基本经验。材料的表面特性主要表现在粗细、软硬、冷暖、纹样等等,材料表皮本身不仅仅包含其质地的表现力,也同样有着色彩的表现力,实际上也是我们设计师通过材料的表皮来丰富设计的表现性。在所使用的空间当中,接触的物件当中,人类也有着一种触觉的基本经验,如何合理运用人类对触觉的这些基本经验,引导发挥每个人对触觉的感知,我认为是我们设计师面临的一个重要课题。

人对材质的这种经验,我认为主要体现在两个方面:一是触觉的感应力,一是视知觉的感知。这种经验是来自于人的一种本能体验,这种体验加以实际强化与抽象,会上升为感情因素。比如路易斯·巴拉干,他非常善用原木、涂料和粉刷层,这种极其质朴的材料用于他的住宅设计中,极其内敛,表达出一种质朴的情感,这种情感通过材料来升华,极其具有经验性;又如安藤忠雄,他对水泥、玻璃、金属的运用,极其冷峻,蕴涵禅意,他的材料极具表现力,也是经验与感觉基础的升华。

悟语

■ 路易斯·巴拉干 Las Arboledas 景观居住区

■ 安藤忠雄 光之教堂

对于室内设计师来讲，我们所面对的材料更多，更宽泛，更复杂，我们所服务的对象是人在室内进行使用的过程，因此所有材质的选取都要我们进行分析、综合、归纳，以此来提升不同材质所体现出来的不同的创造力，从而使材质与材质之间的表达能上升为一种思想性，并且使相互之间的组合增添一种可能。我们不仅需要为使用者提供肢体感觉的满足，也提供视觉的满足，更重要的是能在其中升华为一种思想表述。但首要的是要我们对材质有一种深刻的认识。

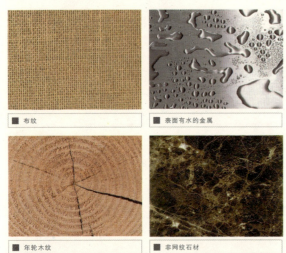

■ 布纹　　■ 表面有水的金属
■ 年轮木纹　　■ 非网纹石材
■ 金属组件　　■ 锈蚀产生的粉刷层脱落

第一点，材质使用的合理性。所谓合理性，是指满足人对材质的基本需求和符合人体工学的基本需求。比如床，我们不可能让人睡在玻璃上，我们的睡眠是需要在舒适的、松弛的环境，被柔软的材料包围才舒服。材质要满足人类基本的需求，人使用的基本功能，不可以违反人类基本使用的需求。我们还以床为例，床的支撑需要有力度的材料——木或钢，但是人体所接触的部分，每个人都认为应该是柔软的材料——棉或麻，就像人的服装一样。古代士兵的盔甲，虽然外部坚硬，能抵挡刀砍剑刺，但内部与人体接触的部分也还是柔软的材质。其他如桌椅、板凳、顶面、地面、墙面，都有其特定的物理性需求和人体功能需求。

〉〉质地的表情和主题的隐喻

第二点，材料的视觉性,这主要是针对美学营造而言，是设计师的基本功力。在我们正常的视觉观察范围内，材料表面的色泽、质地、肌理可称为材质的三要素，这对视觉性的形成是非常重要的，前面说过视知觉的感知是来自于人的一种本能体验，这种体验是支撑我们作为设计表达的一种基础，所以我们对质感的研究是要将每一种质感类型逐一了解，去分析它们之间的差异，在材料和单纯的表面肌理之间去寻找一种不同的关系，这种关系要表明我们对材料的对比性和协调性的掌握，要理解每一种单向材质所形成的不同感应，这比单纯的触觉经验来得复杂得多，材料质感的训练实际上也是从直接的感知到抽象演变的一种原则，只有我们对材质的直观敏感的观察力和表现力不断上升，才能训练出对不同材质的组合能力。

通常对于材质的选择和拼贴使用时应该遵循这样一个原则：依据材料的三要素来衡量。

一、色泽。一方面，自然界很丰富，物体本身会具有各种各样不同的固有颜色；另一方面，物质表面的物理性也会影响到色泽，比如密度高的亮一些，密度低的暗一些。

在选择材质和使用材质的时候，物体的固有色是一个很重要的原因，是形成色彩组合的重要基础，对材质本身色彩的选择一定要结合室内空间的设计、色彩的设计、光的设计，形成不同的色彩氛围组合，这才是对材质固有颜色的正确使用。同时也要考虑色彩的搭配——色相的对比、冷暖的对比、补色的对比、临近色的对比、色域面积大小的对比，才能使物体的固有颜色发挥到极致，配合其他两个因素。

二、质地。质地是材料表皮的质地，是指材料本身表现出来的不同表面特征，如钢的坚硬、玻璃的光滑、面料的柔软、砖的粗糙等等。质地反映到人的体验上分为可触及部分——触觉和非触及部分——视觉。

■ 不同材料的色泽

悟语

■ 质地的分析与对比

■ 肌理的不同表现

　　非触及部分可以不用考虑人的舒适度，但是对于视觉的张力、表情是很重要的。在非触及部分要把握对比的关系，实际上好的设计不一定是材料使用的设计，从很多大师的作品可以证明这一点，只要发挥得当就可以。

　　对于可触及部分，要充分考虑人体的舒适度。一个好的设计，其室内空间要有一定的表现力，更重要的是满足人的需求，同时也要考虑到材料的使用寿命。

　　三、肌理。肌理是表皮形成各种走势的纹样，无论是大纹样还是小纹样。自然界的表皮有各种各样的，有点状的，也有线状的；有条状的，也有块状的；有规则状的，也有不规则状的。简而言之，每种材料都有其特定的肌理，比如木材和石材虽然有着质地的变化，但是木材本身是千变万化的，石材本身也是千变万化的。寻求肌理的变化是设计过程中依托于材质的重要表现手段，材质肌理的变化会使室内设计有着不同的表现力，就肌理本身而言，它也会主导我们设计的走向。

　　在材质的选择和拼贴过程中，还需要使材料富有寓意。

　　材料富有自身的三维性和在空间上的四维连续性，对这两种特性的很多的认知都有助于我们的寓意，其中最重要的是图象性和象征性两种表现。图像性是指当我们进入这样的场景，物体的影像接触到视网膜时，我们记忆里就有这个影像的记录，然后引出符合人的惯性思维的另一个影像的纪录，这种印证性的影像纪录是我们熟知物体的对位与联想。比如，看到床就想到睡眠，看到餐桌就联想到吃，这些都是看到某些东西时的习惯性联想。设计师只有对这种联想具有深

》》质地的表情和主题的隐喻

■ 肌理不同的表现

■ 肌理与文化

刻的了解,并将它恰到好处地加以运用,才能达到象征的目的。这也是设计的经验性的表现,设计师用经验性的、符号性的材料来延续或暗示他将要表现的东西,这实际上是建立在图像性之上的延续,体现着设计师的思想。

这两种感知模式是经验性——惯性思维,看到某种材质产生有关的联想,这种形式对于设计师来说是一种很好的跳板,能够合理地运用这种经验性的模式,从而达到象征,引导人们对材质的熟知之后引导它们达到我们设计寓意的目的。

比如塑造一个温馨空间,温暖的颜色,松软的材质,适度的比例,有这样的环境氛围之后,利用其中某种材质,暗示空间的基调是往甜俗的方向走,还是向优雅或具有品质的高层方向走,在达到暗示目的之前是如何表达一种思想,这种思想是单纯的唯美主义还是低俗的世俗文化,这实际会通过图形和符号表述一种文化的存在。对于我们设计师来说,最重要的是如何使用这些材质来达到我们的暗示目的。同样的材质,在不同的思想引导之下,可能会产生截然不同的效果,比如巴洛克文化和洛可可文化有些符号很接近,但它们显示出来的结果是不一样的。

悟语

■ 硬质材料的对比　　■ 光影对材料的烘托

材料的运用和光影也是密不可分的。室内空间的材料在不同光影的体现是很重要的，无论是色泽、质地还是肌理，在不同强度、不同角度、不同照射点的光照下，会有着截然不同的表现，这些表现丰富了室内空间的视觉变化，也丰富了室内空间的精神内涵。材料不是独立的，是处于一定条件下的，光环境是其中很重要的一个条件，对于质地的变化起着很重要的作用。

每一个设计作品都会有一定的设计主题，主题的体现形式多种多样，在给出的特定主题、特定情境条件下，设计师需要对主题性质特征进行启发式思考，首先要有针对性、有选择地调动已存储的知识经验，补充知识空缺，组织多种材料与技术方法，寻求体现主题的多种可能性。在一定的文化、审美观念形态下，通过大量以材料和技术方法为支撑的形态、色彩、肌理以及有意味的形式语义探索，综合比较，解析重构，最终形成能够准确、清晰的阐述主题精神、具有愉悦感官的视觉效果与合理功能性的具有社会普遍价值的作品。在这里，主题探求的结果固然重要，而更重要的是使整个过程中的每一个环节都成为包含了基础理论、技术方法、认知方法、工作方法、判断与评价标准的科学过程。

■ 材料在不同光影下的表情

无论设计主题如何变化，其载体始终是材料。通过材料体现主题的方式有三种：

首先是材料的色泽、质地、肌理所表现出来的寓意。这是最简单的，也是最表层的主题表达。

>> **质地的表情和主题的隐喻**

■ 常州大酒店大堂大堂吧

■ 常州大酒店大堂

其次是将多种材料拼贴在一起，形成特定的组合，表达一定的思想。这种表达方法对设计师的要求较高，设计师只有对各种材料的基本要素有充分的了解，才能使材料组合和谐、生动、意味深长。

最后是设计师最难把握的一种方式——解构、转换，即通过某种特定的手法，使某种材料的视觉感知转换为另一种感知，如常州大酒店大堂吧背景的玻璃做法，采用皮影戏的手法，将枯枝的影投射到玻璃上，实际上失去原有的玻璃效果，转而达到一种绘画的效果，形成另外一种感知。

实例分析——常州大酒店：

主题阐释：传统——窗花花式；冰纹

常州画派：没骨画法

冰纹的精神——看似乱而不乱，蕴涵严格的韵律，韵在于乱，神在于乱中有序，从纹样本身，我觉得代表着一种地域精神。传统图案的繁复是有别于现代美术的一大特征，传统图案的繁复绝不是简单的罗列，单纯的重复，它更加讲究在纷繁中体现出节奏和韵律，对比与调和，将疏密、大小、主次、虚实、动静、聚散等做协调的组织，做到整体统一、局部变化，局部变化服从整体，即"乱中求序"、"平中求奇"。这更增加了图案的层次和内涵，但从装饰应用的角度看，它对加工工艺的要求显然是比较苛刻的。

大堂：顶棚呈冰纹，体现它的形式精神——疏与密、动与静、虚与实、藏与露、黑与白，冰纹凹槽内嵌制灯光带，通过灯光带的控制，开则正形，关则负形，恰恰是冰纹形式丰富的表现。地面以石材拼出回纹造型，这些都是中国传统的文化元素。两侧柱子以片状云石叠级而下，暗合常州"龙城"之意。

悟语

大堂吧隔断：不规则的钢丝形成传统的冰纹形状，与大堂顶棚的冰纹形成呼应。通过现代的材料——钢丝和钢架的组合，随着人的视线不同，在不同角度的光的作用下体现出一种在钢丝上光斑灿烂的眩目效果。

没骨画法——不同于院体的勾勒填色，以潇洒的笔致点蘸色彩敷染而成，注重写形传神，用笔工整俊秀，章法简洁明快，设色清丽淡雅，造型生动含蓄，强调气、韵、神，称之为"逸笔写生"，具有文人画的逸致韵味。

通过玻璃和灯光反打产生一种投影，同时由于光的近和远，会产生实和虚的效果，夹绢玻璃，起到画面的效果，枯枝投影到玻璃上的影像，与没骨画法极为相似，表现出气韵，从表现上讲，都达到中国画的神韵效果。看似很简单的玻璃，最后产生的效果是和中国画的神韵相吻合的，只是表现形式不是墨在宣纸上表现的，而是通过投影在玻璃上表现的。

大堂吧背景墙：玻璃后竖立枯枝干，从下往上打灯光，枝干的投影落在玻璃上，由下至上呈现由强到弱的变化，枝干与玻璃的远近也使投影表现出强弱变化，从玻璃上的投影来看，恰恰是常州画派没骨画法的生动表现——气韵生动、神形兼备。

■ 中国丝绸博物馆主背景

■ 中国丝绸博物馆大厅顶部

■ 中国丝绸博物馆展廊局部

■ 常州大酒店大堂吧

>>> 质地的表情和主题的隐喻

实例分析二——中国丝绸博物馆：

主题阐释：蚕桑——丝绸的原料

编织——丝绸的织造工艺

桑蚕与丝绸的关系：根据文献记载和文物考证，我们的祖先早在五千多年前的新石器时代已开始植桑养蚕，蚕丝的利用则开始于渔猎时代的末期。在周朝蚕桑生产已成为专业化，并受到官方督察管理，到战国时期达到高度发展，蚕丝已成为平民百姓的日常衣服和自由贸易的物资了。我国各地出土的战国时期的丝织品很多，有罗、绫、纨、纱、绢、绮、锦、绣等产品，其图案与色彩的美丽达到了惊人的地步。宋、元时期的蚕丝生产和丝织业达到高峰。

编织：生丝经加工后分成经线和纬线，并按一定的组织规律相互交织形成丝织物，就是织造工艺。编织是要靠织机辅助完成的，从最早的原始腰机到让手解放的踏板织机，再到具有划时代意义的束综提花机，都体现了中国织机

■ 中国丝绸博物馆跑马廊墙面

■ 中国丝绸博物馆跑马廊局部

最完善和最先进的发展历程，这也是中国在漫长岁月中始终保持着丝绸大国地位的重要因素之一。

门厅的形式手法：源于传统的编织工艺，跑马廊墙壁采用5cm×5cm竖向实木加乳胶漆寓意垂挂的丝线，编织的基本手法——经纬线则体现在实木本色构架上，同时也代表了织机的形态，这恰恰是我要表达的编织基本概念，也是对传统寓意的体现。

大堂顶部：以丝作筒，垂挂的细丝体现出"丝织"的主题，丝筒由里而外共分三层，光从顶部沿根根细丝而下，别有一番韵味。

主背景：在大厅四周弧形墙壁上，我想要表现的是丝绸的基本起源——桑叶和蚕茧，在形式手法上，采用写实的二维平面体现桑叶，与上半部的竖向的丝线效果形成有机的组合，同时在粗糙而有立体的桑叶之前置放磨砂玻璃，并蚀刻文字与编织原理，这两种材质并置在一起，我想要说明的是编织材料的起源和编织的过程。从材料对比的角度来说，一个是粗糙的，一个是光表的；一个是原始的，一个是经过加工的；一个是质朴的，一个是细腻的。这恰恰说明了我们的丝绸是从原始的养蚕开始，变成光滑的蚕丝，再变成华丽的丝绸，通过材质的比较带来暗示和寓意，所暗示的是从粗糙、质朴的肌理开始，到光滑的玻璃上蚀刻的编织纹样。

悟语

■ 中国丝绸博物馆主背景

>>> 质地的表情和主题的隐喻

　　四方连续木格与二方连续的桑叶衬托出中间的大蚕茧，寓意从蚕茧到丝的过程是由一到二直至无穷的过程，同时，多种材料通过各自形态的变化达到和谐共生。
　　总之，对材料的使用不仅是需要表达材料的色泽、质地和肌理，更重要的是从它们三者的关系里达到一定的寓意效果，这应该讲是一个比较高的境界。

悟语

解读材料语言

》》李朝阳

- 1987年毕业于合肥工业大学建筑系并获学士学位
- 1993年毕业于中央工艺美术学院环境艺术设计系获硕士学位并留校任教
- 现任清华大学美术学院环境艺术设计系副教授
- 中国室内装饰协会设计师资格评审委员会委员

>>> 解读材料语言

材料在室内空间中和设计过程中均起着十分重要的作用。我们知道，不同的材料会有不同的特性、质感、光泽、肌理，也会产生不同的视觉语言；各种材料的色彩、质感、触感、光泽、耐久性等性能的正确运用，将会在很大程度上影响到整体空间环境。

在目前材料品种繁多的情况下，无论是天然材料，还是人造材料；也无论是饰面材料，还是骨架材料，我们都应对材料有一个较为全面、系统的认识和掌握，只有如此，才有可能更好地进行材料的选择和运用。

一、材质的功能

近年来，科技不断进步，技术不断更新，潮流不断变化，新材料也不断推出。作为设计师，必须不断了解材料的基本特性、使用范围、施工工艺、经济性以及相互之间的组合搭配，否则很难达到预想的设计效果，材料的魅力在设计中也很难得到充分发挥和合理的体现。

现代主义建筑大师密斯·凡·德·罗认为："每一种材料都有自己的特性，它们是可以被认识和加以利用的。新的材料不见得比旧的材料好。每种材料都是这样，我们如何处理它，它就会变成什么样子。" 可见，形式是物质或材料的体现，而材料是形式的载体，设计就是赋予材料以一种形态的手段而非其他，材料只有与造型结合才有其自身存在的意义和价值，材料也因此成为设计作品特征的一个部分。 当我们关注以往那些优秀的设计作品时，首先看到的是其形式和色调营造的氛围，随之又感受到它从整体到局部，从局部到细部，又从细部回到整体的统一关系，它们每个部分都彼此呼应，存在着关联的合理性，并具备了组成形式美的一切条件。

室内空间离不开装饰材料的质感、色彩和组合搭配，材料影响着人们对空间环境的视觉感受，其构成的材料语言在诠释着独特的内在魅力。可见，材料具有其特定的装饰功能。当然，共受到日晒、雨淋、风吹、冰冻的影响，可能也会受到腐蚀性气体和微生物的侵蚀，影响到建筑的耐久性和安全性。因此选用适当的材料对建筑及内部空间进行处理，无疑能有效地起到保护的功能；材料除了具有装饰功能和保护功能外，同时还具有改善环境使用条件，进行室内环境调节的功能。木地板、地毯等能起到保温、隔声、隔热的作用，会使人感到温暖舒适、自然宜人，改善了室内的生活环境。

材料均有各自独特的语言，面对众多材料，我们应系统地认识材料的基本特性，以便在设计中进行合理选择。

二、材料选择的重点

设计的目的其实就是营造一个自然、和谐、舒适的场所，给人带来功能使用上的方便和精神上的愉悦。各种材料的色彩、质感、触感、光泽等的合理选用，将极大地影响到空间环境。一般来说，材料的选用应根据以下几方面综合考虑：

1. 建筑功能与装饰部位

建筑存在各式各样的类型和不同功能，如酒店、医院、办公楼以及具体诸如门厅、餐厅、厨房、浴室、卫生间等，在设计时对材料的选择则会有不同要求。装修部位的不同，材料的选择也不同，因此我们很少在酒店大堂中见到地面满铺地毯，更很难看到厨房地面也满铺地毯。

悟语

2. 地域和气候

材料的选择常常与地域或气候有关。地面上的石材会使散热加快，在寒冷地区采暖的房间里，会引起长期生活在这种地面上的人们感觉太冷，从而有不舒适感，故一般应采用木地板、塑料地板、高分子合成纤维地毯等，其热传导低，会使人感觉暖和舒适。像北欧国家的芬兰、瑞典、丹麦等国，由于其独特的自然环境以及丰富的森林资源，在设计中会经常以木材作为主要的建筑及装修材料，既宜人又环保。但此举在我国资源较为缺乏的情况下，并非是我们设计选材的发展方向，更不能频频打着绿色设计的旗号来进行所谓的"接轨"，这无疑是哗众取宠的"作秀"行为。

3. 场所与空间

不同的场所与空间，要采用与人或空间尺度相协调的材料。室内宽敞的房间，可采用深色调和较大图案，不使人有空旷感。对于较小的房间如目前我国的大部分城市居家，其装饰宜选择质感细腻、尺度较小或有扩大空间感效应的材料（图1）。

4. 标准与功能

材料的选择宜有较为准确的定位，应考虑建筑的标准与功能特点，该豪华时应豪华，该朴素时则朴素，否则，对材料的使用就缺乏相应的原则。例如，宾馆和饭店的建设有四星、五星等等级别，要不同程度地显示其内部空间富丽堂皇的华贵气氛，其采用的装饰材料也要与之相对应；在影剧院、会议室等室内空间中，则需要采用吸声装饰材料如穿孔石膏板、软质纤维板、装饰吸声板等。总之，空间对声、热、防水、防潮、防火等不同要求，选择材料时都应考虑相应的功能需要。

5. 人文与民族性

选择材料时，要注意运用先进的手法与装饰技术，尽可能地选择地方材料，以展现民族传统和地域特色。这也是体现空间设计个性化的有效手段之一（图1~图4）。

6. 经济性

从经济角度考虑材料的选择，应树立一个可持续发展的观念，即不但要考虑到一次性投资，也应考虑到维修费用，且在关键问题上宁可加大投资，以延长使用年限，保证总体上的经济性。如在浴室装饰中，防水措施极为重要，对此就应适当投资，选择高耐水性材料，否则只顾短期的省钱，而可能会在以后带来更大的隐患。

■ 高迪设计的圣家族教堂使石材改变了冷漠的表情（图1）

>> 解读材料语言

■ 钢管与玻璃的组合造型，流露出对中国传统家具魅力的眷恋（图2）

■ 以现代材料阐释传统文化底蕴，在家具设计中并不鲜见（图3）

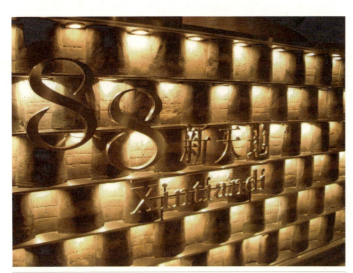

■ 传统民居常用的小青瓦在现代设计中焕发出了新的生命活力（图4）

三、新材料发展的趋势

科学的进步和生活水平的不断提高，推动了装修材料工业的迅猛发展。除了材料的环保性、多品种、多规格、多花色等常规观念的发展外，近年来装修材料发展的如下特点也是我们选择材料时应该考虑的问题，而这些新材料、新技术会为我们在设计创新方面带来更多的可能性。

1．质量轻、强度高

由于现代建筑向高层发展，对材料有了新的要求。从材料的用材方面来看，越来越多地应用一些轻质高强材料；从工艺方面看，采取轻质高强的装饰材料和采用高强度纤维或聚合物与普通材料复合，也是提高装饰材料强度而降低其重量的方法。如近些年应用的铝合金型材、镁铝合金覆面纤维板、人造大理石等产品即为例证。

2．多功能性

近些年发展极快的镀膜玻璃、中空玻璃、夹层玻璃、热反射玻璃，不仅调节了室内光线，也配合了室内的空气调节，节约了能源。各种吸声板乃至吸声涂料，不仅装饰了室内，还降低了噪声。对于现代高层建筑，防火性已是材料无法回避、必须面对的指标之一。常用的装饰壁纸，现在也大都已经具备了抗静电、防污染、报火警、防X射线、防虫蛀、防臭、隔热等不同功能。

3．大规格、高精度

我们已经发现，墙地砖的规格也都开始变大，材料的大规格、高精度和轻薄型成为发展趋势。如意大利的面砖，2000mm×2000 mm幅面的长度尺寸精度为±0.2%，直角度为±0.1%，有的石材甚至能薄至3mm。

悟语

4．规范化、系列化

材料种类繁多，涉及专业面十分广，具有跨行业、跨部门、跨地区的特点，虽然目前已初步形成门类品种较为齐全、标准较为规范的工业体系。但总的来说，尚有部分装饰材料产品尚未形成规范化和系列化，有待于我们进一步努力。

由上可以看出，材料的选择是一个复杂而系统的过程，要结合诸种因素综合考虑，而不是将精力仅仅放在对材料本身的视觉效果上面。不仅要考虑材料自身，更要在材料之间的组合搭配方面多动脑筋，只有宏观把握，才能较好地进行材料的选择，否则，只能步入无法回避的误区。

四、材料选择的误区

1．价格决定一切，洋货优于国产

应当说，材料的价格与材料的档次存在一定关系，但未必价格高的材料其装饰效果就好；同样，进口材料也未必都一定比国产材料好。关键要看材料的运用与特定空间环境的结合问题，如果对材料的选择和组合搭配没有进行很好地处理，即使使用再昂贵的进口材料，其所形成的空间效果也是杂乱无序的。

2．盲目追求高档，漠视整体效果

当前，随着我国经济的快速发展，特别是北京奥运带来的巨大契机，装饰装修行业一直势头不减。伴随着良好的发展机遇，设计方面却有些把握不住心态，出现了漠视整体效果、炒作设计理念、盲目追求高档的不健康现象，以高档为目标，以"面子"为自尊，似乎这就算与国际接轨了，尤以材料选择为甚，简单、机械地以为高档次的装修必应使用高档次的材料，流行什么材料就使用什么材料，不分场合、不加分析地将所谓"高档"、"时尚"的材料充斥于空间环境中，使之充当"时尚"空间的"代言人"和"排头兵"。其实，已经不知不觉陷入了材料选择的误区。

由此可以发现，以前我们对"高档"、"豪华"概念的认识可能有些问题。离开了特定的建筑形式、空间布局、使用功能以及所处的人文环境，任何对时尚的追逐都缺乏理论上的注解，对材料的选择也缺乏准确的定位。

3．重视饰面材料，忽视骨架材料

在对材料的选择中，我们不仅应该重视对饰面材料的选择，更应关注骨架材料的选择对设计和施工内在质量的影响。如果仅仅关注装修的视觉效果，而对其隐蔽工程所使用的材料敷衍了事、淡漠处之，所造成的不良后果可能要远远超出我们的想像。

4．天然材料未必优于人造材料

我们在设计时常喜欢使用天然材料，认为其天然的特性和自然的纹理能较好地体现视觉效果，又能体现一定的自然气息。此观点有一定道理，但决不能将其绝对化、概念化。例如许多人造材料无论在物理性能方面还是在装饰效果方面，都具有天然材料所不具备的特点和优势。还是以石材为例，其实某些天然石材未必就比人造石材好，人造石材的色差小、机械强度高、可组合图案、制作成型后无缝隙等特性都是天然石材不可相比的。除此之外，人造石材种类繁多，可供选择的余地很大，可谓既节省了大量的自然资源，又具有一定的环保意义。

五、材料搭配的原则

材料是设计的基础，离开了材料谈设计，就等于纸上谈兵。随着科学技术的不断发展，新型材料不断涌现，作为设计师，应掌握现代材料的应用规律，从技术和艺术的层面推动设计的发展，使其跃上一个新的台阶。

了解材料本身并不困难，难的是设计中材料之间的相互组合搭配。因为材料自身不同的特性、形态、质地、色彩、肌理、光泽等都会对室内空间和空间界面产生不同的影响，因而也会形成相对不同的视觉效果和空间风格。

一般来讲，材料的合理选用与组合搭配应该遵循以下原则：

（1）宜体现材料自身的特性和魅力（图5和图6）；

（2）应满足空间的基本功能要求；

（3）注意材料的特性与空间设计风格的结合（图7和图8）；

（4）材料的比例、尺度应与空间整体协调、统一（图9）；

（5）应展现材料之间的肌理、纹样、光泽等特色及相互关系（图10和图11）；

（6）关注材料之间的衔接、过渡等细部处理（图12）；

（7）应符合材料组合的构造规律和施工工艺（图13）。

悟语

■ 经过处理的木材大面积运用在建筑外墙上，带来的是别样的视觉感受1（图5）

■ 经过处理的木材大面积运用在建筑外墙上，带来的是别样的视觉感受2（图6）

■ 黑白相间的细石子同样可以诠释新的语义（图7）

■ 室内空间的顶棚通过灯光处理可营造出室外空间效果（图8）

■ 黎戴高乐机场大胆采用了暴露的混凝土顶巴棚，展现了空间与材料的特质（图9）

■ 墙面色彩的微妙变化使空间既丰富又具有整体感（图10）

■ 材料若不赋予形式以光、色彩、质感和肌理，也就失去其存在的意义（图11）

■ 石材的不同质感和比例关系形成了丰富的细部特征（图12）

■ 扭曲的玻璃幕墙背后需要先进的技术和工艺来支撑（图13）

六、创新点的建立

设计创新可以有很多的切入点，手法不少，但材料语言的合理运用值得我们关注，这也是设计中一个不容忽视的创新点。对于材料的组合搭配，除了应遵循基本的规律和原则外，也应摈弃一些设计中看似约定俗成的概念性的认识，好像材料的使用范围和材料之间的搭配关系成为了一种习惯性的套路。这对于设计思路的拓展会形成很大的桎梏，更不利于设计创新意识的提高。比如对于外墙涂料的使用，其防水性、耐久性必然要优于室内空间使用的乳胶漆，因此我们也可在室内某些空间如卫生间等采用外墙乳胶漆，以营造一种似乎不太符合"套路"的空间效果。在不影响基本功能要求的前提下，并没有人规定卫生间设计必须要使用瓷砖或锦砖（图14~图17）。

>> 解读材料语言

■ 木方材料制作的展台突破了传统的展陈模式（图14）

■ 钉子的锈痕使木饰墙面细部带有趣味性和时空概念（图15）

■ 司空见惯的石片通过有序的叠加，营造出丰富的肌理，颇具创新意识（图16）

■ 树皮也可作为装饰材料，或许带给我们的也不仅仅只是视觉感受（图17）

可见，材料的组合搭配尽管存在一定的"规律"和"章法"，但并非没有突破和创新的可能性，关键还是思维方式的问题，有时在"江郎才尽"的情况下采取逆向思维的方式，也许会带来意想不到的效果。不可机械地理解材料的组合搭配问题，必须明确所选择的、所表现的材料以及相互关系都是围绕环境空间的整体来展开的。

应该清醒的是，解决材料的组合搭配问题，求新求变不是我们追求的唯一目标，不能把创新当成解决一切问题的工具。一味地强调设计创新而不符合设计规律和客观功能需要的事情在我们设计中时有发生。不能对创新还停留在认识领域范畴。一些局部的创新若不建立在空间整体理念的基础上，那同样也是失败的。像材料搭配若失去了基本的原则，创新也必然失去其存在的意义和价值。有些所谓"创新"作品之所以经不起博弈，大概在创新时也不是缺乏创"新"的意识，而是没有把握住设计的原则，创歪了"新"。如何把握？则需要一个循序渐进逐步提高的过程，需要设计师的综合素养和较强的认识力及对社会的洞察力，很难一蹴而就。

无庸质疑，材质对于设计及空间效果十分重要。每个设计也许存在着不同的主题和理念，尝试不同的材料、了解材料的特性，是使材料呈现整体效果和创新意识的关键之所在。同一种空间形式或装饰造型，如果赋予其不同的装修材料，必然会带来迥然不同的视觉效果和空间感受；同样，即使使用同一种材料，如果改变其组合的比例尺度和色彩搭配，也会形成各自不同的视觉表情。显然，材料的组合搭配和设计创新绝非是全新材料或元素的新发现，大多还是常规元素的组合。所谓太阳底下没有新鲜的事物，只有新鲜的组合。

悟语

想说点儿什么——材料

>> 李俊瑞

- 中央工艺美术学院室内设计专业学士
- 澳大利亚悉尼TAFE工艺学院硕士

想说点儿什么——材料

悟——觉悟，由于大量的实践和思考对材料的本质加工工艺、施工方法有了体会，觉悟了就像一觉醒来，对材料有了新的认识，使材料有了新的语言。

悟——修炼，而后顿开茅塞，对材料有了新的认识。

室内设计师就像厨师一样，了解一桌筵席烹饪材料，采自何方，什么季节采摘，截取哪一部分最好，切多长的段好看。是切丁还是剁馅，取决于入味和卖相。这道菜和什么菜搭配，味道互借，色彩搭配如何，火候怎样掌握，用什么锅。出锅的时候用什么餐具盛才能增强表现力。吃的时候用什么餐具，是筷子，还是勺，或是刀叉。其实一顿大餐从做到吃和装修设计到施工，直至如何养护，一模一样。只不过一个是吃、一个是住，但都是艺术的创造。《随园食单》中对吃有明确的描述。《考工记》、《营造法式》包括西方的《建筑十书》对房屋建造都有明确的标准。

■ 随园食单

吃和住还有一个不一样，吃的主要功能是解饱和健康，而建筑除要反映精神功能之外，还有技术的成分，有水、电气、消防、智能化的部分。吃一顿饭一般不会特别要求，这桌筵席是否要代表当今农业科技发展的水平（当然也有较真的）。但建筑一定要代表当前的美学观点和人文的表现、建筑科学发展的水平、建筑材料的发展水平、建筑材料加工工艺的发展水平和建筑施工的发展水平。一个设计师必须掌握和了解了以上的因素，才能设计出好的作品。

当然，吃——还有药膳，食补。不仅解馋、解饱还有益健康。建筑也一样不仅保暖、防寒还有精神功能。建筑有空间序列，宴会也是先有开胃菜—主菜—甜品，主菜还要根据上菜的先后秩序确定味的鲜感、甜、淡。研究人的味觉和进餐时间的长短对菜的变化，以保证大餐给客人留下美好印象的结局。天天吃饭，但未必修炼成为厨师，天天住房，但未必成为设计师，这里不仅是实践，而且要有悟性，还不能一成不变地做《随园食单》中的食物，即使再正宗、味正，也要注意这顿饭是给21世纪的人吃，不是给老祖宗吃，要与时俱进。有些酒楼标榜正宗，严格按古典配方烹饪。其实，谁相信，相差几百年、几千年，物种的进化、地球变暖，不可能没变化。你又不是复制文物，吃饭又不是考古，正宗了又有什么用！要符合现代人使用嘛。什么叫"写意"，中国画中"写意"讲的是神似。

我想我还是用做一顿大餐的程序来讲一下我的"悟语"。

一、主题与材料的选择。不同级别的宴会饭菜选用什么级别的材料，不同的宴会必然有代表性的主菜。一个高级的装修也必然有代表性的主材，如：美国黑金花用在什么地方能恰如其分的表现出它的尊贵。

二、选择的材料用哪一段最好。比如这根木雕用什么材料，有纹路没有啊？有节子吗？是软还是硬啊等等。

三、怎样烹饪，怎样加工。是雕、是磨光、是机刨、是烧毛，火候如何掌握增强表现力呀！

四、菜与什么搭配。如：干笋炖肉，互相借味又去油让香；石材与木材怎样搭配，如：红木与紫罗红搭配显得成熟稳重。

五、建筑的模数就好比人的身材，也是厨师的刀功，直接影响着"卖相"。

六、随风潜入夜，润物细无声。让材料自己说话发挥自身的语言。

以上六个"悟语"作为材料设计指要，谢赫六法第一法"意在笔先"。对设计指导意义深远。最重要的是甲方、乙方在动笔之前一定要悟清楚这个"意"，否则后五法就乱了章法。我们有许多工程进入到"死机"状态都与"意在笔先"的功夫下得不够，甚至没下有密切

悟语

的关系。

一、不同级别的宴会选用不同级别的饭菜。不同属性的建筑应用与之相配的材料表现。

酒店,是商务还是假日?办公楼是什么行业,是银行还是学校?交通建筑是机场还是火车站?不同的客人,不同的动物种群对建筑材料所表现的形象有一个认知度。如燕子用河泥搭窝,老鸦用树枝搭窝,同是鸟类对建筑材料的选择有很大的区别。之所以我们的建筑装修结束后,发现属性不明确,大众不认同,就是没有选择适当的材料表现。

我们有些建筑存在着选材不当。比如XX医院,选用了大量砂岩做内墙材料,不利于清洁、消毒。医院内有碘酒、药水,不同档次的病人墙上抹得脏兮兮。建筑材料的选择对建筑属性表现很重要。同时还要注重材料的经济性,我们近期正在进行的几项设计,对材料论证"意在笔先"。如朝阳医院的设计,我们研究了国内外的同等规模的医院,结合我国人口众多的特点和建材发展,选用微精粉玻化砖作为地面主材,就耐脏,硬度也高。

目前北京的几家医院改造有用米黄大理石的,有用花岗石的,但作为医院,也应该研究一个"定论"。大理石需要做结晶层,要养护,花岗石进口的太贵,国产的色彩又不好。美国麦当劳走遍全世界,都是"木纹砖",这种材料对表现美式汉堡包快餐属性恰如其分,不豪华、不简陋,有乡村风格。国内的医院,50年来没有建设,今后面临着大量的改造,尤其北京的医院对全国有影响力,考虑合理造价符合医院和我国国情的材料,对医院建材要有一个新认识,要研究一下能代表医院属性的建筑材料。

建筑和吃最大的不一样是时间性。吃不好,可再吃一顿。吃只完成了一个化学变化,但建筑很难做不好再来一次了。所以对设计要有更高的要求,建筑一旦完成,就是百年大计。

任何种类的建筑,任何级别的建筑,都有一个恰当的材料来表现,而这种材料的质感、色彩能反应这种类型建筑的属性。适当的加工方法能进一步增强表现力,而掩盖了它的不足。有些材料适合磨光,有些适合不磨光,比如大理石横纹切割叫做"金碧辉煌",竖纹切割叫"金线米黄",这种材料做墙面用就不适合磨光。磨得太光亮导致纹路不含蓄,缺点暴露,尤其横切割,磨光后有深色的铜钱状的深色斑。不如用"水洗面"产生"朦胧感",这种感觉适合传统一些的酒店或高档名牌店。再有"锈石"是一种花岗岩,因有锈斑而得名,做外墙较好,如加工成"荔枝面"更好,因为锈石有色差,毛毛糙糙的面,恰恰掩盖了它的缺点。

所以,要研究材料本身的特点,给予适当的加工方法,才能更好地反映建筑的属性。

》》 想说点儿什么——材料

二、选择的材料用哪一段好。

其实哪一段都行，哪一段都好，就像一个羊肚，分肚头、散丹，关键看你怎么吃，不同部位不同的加工方法、吃法不同，选择的部位也不同。

前一阶段做奥林匹克运动员公寓，我们选用"潘帕斯"大理石做大堂的主材，这种材料国内用得不多，材料本身有明显的纹理，硬度高，很光亮。因中国人选材料喜欢一点色差都不能有，刚一上墙许多人就叫起来了，恨不得换石材，但当安装完了就呈现出整体美，尤其圆形的柱子，它自身的纹理在弧面加工后很华丽，作为酒店式公寓，不仅是色彩、光亮度、纹理都很恰当。"潘帕斯"大理石，由于有大的纹理，可以适合大墙面表现，要编号安装，做圆型柱子极为华丽。所以一块材料的表现力在于选材。更重要是如何"烹饪"和在什么空间条件下使用。

我们再说一说木材选用哪一段好，大家肯定说一根圆木。芯也不好，容易空；皮也不好，质地不硬；中间的最好。其实关键看你干嘛用。这种材料能否安慰你的情结，装修中使用木材大多用在线角和雕刻上，如：椴木、楸木，再高级的用楠木，中式雕刻一般都取其木纹细腻的低价木材，油色时仿高级的木材色，很少用橡木雕刻，但英式装修就大量采用，甚至油彩的师傅用油彩画出橡木木纹。对木材的选用是有民族情结的（其他建筑材料也一样），在海外的华人都喜欢买一套红木家具。其实坐着也不舒服，但是他们主要是观赏造型，看到类似花梨、紫檀的木材就舒服，能安慰他们飘泊在海外的心情，如果你选用山毛榉做一件官帽椅，尽管中式造型，但是海外华人不接受，因为从小耳濡目染，从电影、绘画中他接受的就是明清造型的家具，大红柱子、彩绘、藻井，这就是中国的东西，这就是民族情结，有了这些元素，海外华人就认同。任何民族都有自己的偏好，所以木材选择哪一段并不重要，重要的是使用者是否认同。

在装修中要研究木材的色彩、纹理，要组合使用，不同的油漆处理表面可搭配使用，总之要产生强烈的表现力，举个例子最近我们接手一个五星级酒店工程，业主要求现代的中式，其他任何要求都不提，在客房门的设计上，我们采用沙比利饰面上下45°斜拼，在距边线200mm处装饰一条60mm，卍字纹雕刻用降红色裂纹漆处理，露黑色底子。这种搭配把沙比利的木纹和中式元素都发挥出来了，使人在进入客房之前就感受到酒店的文化品味。（中式元素是佐料，不宜大量使用）。沙比利与裂纹漆搭配相得益彰，材料不贵效果好。

三、怎样烹饪呀，材料怎样加工才好看呀，如何掌握火候？

1982年我自中央工艺美术学院毕业，分配到北京市建筑设计院（现在这两个院的名字都改了）昆仑饭店设计组工作。竹园宾馆当时是给昆仑饭店培养厨师和服务员，我就喜欢研究吃，所以就与厨师"套磁"，厨师长感到这个设计师挺有意思，做酒店餐厅设计还老问这道菜怎么做，那道菜怎么做。人家就教我一道名菜—莲鱼山药汤。首先是煮高汤，用鸡肉加五花肉，加入七八粒花椒和四个葱段，三四片姜，上锅一起炖，莲鱼一条洗净入锅用清水腌过鱼，而后舀上三勺高汤，把山药片放入锅一起煮。开锅5分钟把鱼捞出放入盘

悟语

中,鱼上放入香菜和葱丝,而后烧一些花椒油,倒在鱼身上,放点生抽就行啦。鱼汤和山药放一些粉丝一咕嘟就出锅了。这顿饭有鱼、有汤又健康。

看起来简单,我练习了许多次,现在炉火纯青了,其中有一些秘诀,就是怎样去除莲鱼的"土腥味"和怎样感到汤"腻口"这是关键。这与花椒有密切的关系,如果放一瓣大料(广东称八角)去腥但要适时捞出来,而不能一煮到底,否则这汤就成"中药汤"了,鱼的鲜味没有了,其实"土腥味"和"鲜"味的细微差距就在厨师手中。

我们做装修设计就是要掌握这"土腥味"和"鲜"味的差别,莲鱼是河鱼、肉细、刺多,是廉价鱼,但是做好了很香,关键在高汤,高汤是用什么熬的?所以高级和低级很难分辨,关键是掌握材料的特性、如何搭配,用什么方法至关重要。

举两个例子讲一下是怎样去"土腥味"的。几年前做建工集团办公楼的设计,门厅选择灰色调,用什么品种的花岗石来做?选择了一大圈,比价格、比花色,最后确定以美国灰麻花岗石为主,辅以国产四川蓝麻,柱面的四川蓝麻用锯机刨,刨纹宽4mm,深1.5mm,间距30mm,转角45°角对接。美国灰麻感觉滋润、色彩均匀,比美国白麻要稳定,但灰麻容易脏,这是由矿本身决定的。四川蓝麻有结晶,硬度强,中性偏冷灰色调,与美国灰麻搭配是一个"跨国婚姻",加工后的四川妹子,质朴中透着精致,西部牛仔也去掉了野性变为绅士。顶棚采用仿日本大建条纹矿棉板,与组合灯带结合,创造出一个现代的有建工集团属性的办公空间,讲这件事的目的就在于说明,加工方法能产生表现力,去掉"土腥味"。

再有一个例子,就是目前做的一个五星级酒店,酒店的装修离不开装饰,酒店的装修要创造一个主题,一个主题性的线型成为一个符号贯穿每一个角落,要选择一种主材、主色调统一全局。

首先选择这种材料的价钱和研究如何加工。如果我们确定下来一种形式用一种材料表现,辅以特定的加工方法,我们就控制了造价,就能实现这个方案。否则构思再好也会付之东流。

我不否定材料美,高档材料给人带来的享受,但一个10万m^2的酒店,必须要做一个资金的分配,就是"好钢用在刀刃上"。

我们考察了传统建筑中的材料哪些可以用,哪种加工方法能被采用产生个性。现在建材市场上哪些材料转换一种加工方法或切割比例就能采用。

我们采用中密度板作为各种线型和雕刻的主材,因为它价钱低、不变型,表面的处理可做金箔、裂纹漆、着色、透雕、浮雕,组合起来做的灯具,都能发挥这种材料的特性。

精致的加工和表面处理就能去掉"土腥味"。

>> 想说点儿什么——材料

四、材料的搭配，互相借味。

这个问题是大题目，是修养、是经验的结合、是悟出来的。不是一加一等于二。石材有石材的搭配方法，木材有木材的搭配方法。木材与石木材也有搭配方法，要研究各种材料的纹理、色彩就好比中药的"药性"。

还是举一个工程实例吧"泰和顺"是一间鲍翅酒楼，是一个传统与现代中西合璧的酒楼。泰和顺的设计围绕着十二个字完成的"亚洲文化、皇家风范、御膳遗风"。鲍翅是亚洲人口味，装修皇家的标准是最高等级，御膳遗风指的不是装修而是服务，是对"老佛爷"的服务标准。要为食客创造一个高级的进餐环境。而不是复制一个古董。看上去是一个辉煌的中式风格，但是仔细研究都不"正宗"。首先空间的构成，先要把这个型给整理出来，在中国人的眼中一个高档的酒楼有几个"要素"；宽敞明亮的大厅、气派的扶梯、华丽的顶棚、处处亮堂堂。我们都满足了以上要求。但是我们并不是要做一个俗气东西，我们要把现代的石材加工技术和传统的审美融合起来。要把石材的色彩组合好，要研究石材的加工和铺装。工艺、石材的纹路，每种石材的面积，拼缝的宽窄，是在几毫米上斟酌，因为是近人的尺度。紫罗红和沙安娜大理石，用什么材料过渡，过渡的材料的色彩和尺度都要研究，否则就是再好的原材料也会糟蹋了。就好比厨师一样，同样的材料怎么会做出的饭就不一样呢？同样的中药，不同的医生处方，怎样不治病了呢？关键在于了解"药性"，设计师应了解什么？在这就不言而喻了。

想要做明星设计师、厨师、医师，就要实践、总结、再实践。

学而不思则罔，思而不学则殆。

五、建筑与模数好比人的身材，也好比厨师的刀功。

贝聿铭先生研究建筑是从装修面到柱网尺寸。一间酒店客房的尺寸，是从家具的尺寸推算开间和柱网尺寸，而我们国内许多建筑师根本不研究使用，想当然按"规范"定一个柱网尺寸，导致室内开间不是过大就是过小，总之都造成浪费或档次不够。

没有高级生活的体验，就做不出高级的设计，尤其是网络。建筑科学在发展，现代建筑材料在发展。

为什么提到"建筑模数"呢？因与室内的材料分块、门窗有密切的关系。尤其是石材的分块与纹理的关系，直接影响了"等级"。

鱼要是新鲜，不需要红烧，清蒸更能显示鱼的本来面目。

在室内装修中材料本身的色彩美、纹理美、质感美就已成功了一半，我们要研究材料的美与所有尺寸的交圈，要研究多大的比例能把材料的使用发挥到淋漓尽致。

建筑设计的依据是什么？室内的使用功能！如果两者互不通气，很难做到你中有我，我中有你。一个新建项目应把室内要求确定完成再交给建筑设计师。而建筑师设计是依据室内设计来确定的，这样才能创造一个好的比例。这种工作方法不仅仅会带来一个完美的空

悟语

间，而且减少了水、电、风等专业的拆改。

建筑的比例就好比人的身材，身材好就可以突出材料美。就好比裁剪得当的西服，加上高级的面料，不需要装饰。我们常常运用夸张的、单纯的造型来表现空间形象，用简单的几何形体塑造空间，单一的建筑材料产生震撼力。把设计做得很纯粹，就像画国画，用大面积留白，最后用惜墨如金的手法，结合自然光、灯光突出要表现的部分，有时候像广告摄影一样，大渲染、大背景突出一点的主题，用悬殊的手法对比、夸张产生极强的艺术效果。这种室内设计手法，需要研究照明设计、柱网模数、材料切割、色彩对比、材料纹理的利用，用极其严谨的思维，控制每一个细小的部分，包括一些墙体转角的形式，这种手法是控制在几毫米的范围内。把风范体现在细节中，当你纵观贝聿铭、罗杰斯、福斯特、博塔的作品时能处处感受到这种设计手法。尤其博塔的设计，严谨、严谨、再严谨。我有一次在美国旧金山观看博塔设计的现代艺术馆，模数的使用使我窒息。单纯的材料和几何形体结合得天衣无缝、处处交圈。如果你观看博塔用砖塑造的其他建筑，极具震撼力，材料美、工艺美尽显其中。这就是厨师的"刀功"啊！由于他对烹饪驾驭的程度极深，他就把材料更原始的展现在你面前，品味它的内涵。

我还喜欢的一个设计师就是圣地亚哥·卡拉特拉瓦，他像是一名芭蕾舞的教练，把他的作品训练得极有节奏，体型美，不需要什么装饰，本身就很美了。这是一个多么省钱的办法。我们有许多设计，不从根本去研究，总是喜欢在图纸上标注——"详见装修设计图纸"，真是气死人。你如果生下来就是个健康的婴儿，我多省事。几乎没有一个建筑让你省心的。

想说点儿什么——材料

六、随风潜入夜，润物细无声。

一种材料代表着一种风格，材料本身的色彩、纹理代表着一定的属性。当你看到红墙、琉璃瓦，你就脑中一定是联想到皇家建筑，当你旅居国外，一首曲子能勾起你思乡之情。当你看到粗犷的蒙古舞姿，能使你联想到草原的广阔。这是舞蹈语汇和音乐语汇。建筑的语汇，源自材料的表现。材料是有语言的，会说话。它的纹理有语言，它的色彩有语言。但是材料的语言不需大喊大叫，而是"尽在不言中"。用加工工艺把材料本身的高贵充分表现出来。与建筑本身结合起来，就像一个人穿什么衣服来展示自己的气质，衣服是来陪衬主人风度气质的，不是要争夺主人的光彩。高级的面料和做工展示主人身份。与模特穿衣服表演是两个不同的概念，前者表示主人，后者表现服装。

我们有许多设计搞不清楚自己的位置，弄不清，要表现谁，所以就产生了材料堆砌。忽视了主题的表现，或者表现过火了，材料语言用多了，有点"话唠"，有些的确需要"鸿篇巨著"，但也要有章法，建筑是技术与艺术的结合，需要艺术的表现和技术的支持。北京城东边有一个地盘，石材品种用得很好，施工也很好，就是有点"话唠"，材料语言过多。所有样板房看过都一样，主题表现不明确，手法单一，反过来材料语言减弱了，车轱辘话来回讲。

文章写到这，感到建筑设计真难，人人都是老师，人人都是批评家，惟一的学生就是我。

学海无涯苦作舟啊！！！

悟语

物质世界，数字技术，设计和材料

>> 梁雯

- 中央工艺美术学院学士
- 美国马萨诸塞州设计学院硕士
- 美国哈佛大学建筑学硕士
- 现任清华大学美术学院环境艺术设计系讲师
- 清华大学美术学院装饰材料应用与信息研究所副所长

物质世界，数字技术，设计和材料

近年来建筑师往往借用数字技术的图形和数据作为建筑理论依据。这些理论依据很大程度上使建筑的发展趋向数字化，并在原有的建筑法则中加入了一些虚拟的因素。建筑学可以很容易找到与科学的相通性，那就是都在试图理解和阐述社会的构造，并且建筑学与科学的共同愿景不仅仅是解释和形象化物质世界，而是使物质世界从一个时代到另一个时代得以持续发展。建筑学借用科学的理论和图形当然不是近期才有的，19世纪非凡的结构理论来自于当时迅速发展的生物科学（图1）；现代主义重要的引用是爱因斯坦的相对论，等等。在建筑学领域里，对于领先科学的追随直接影响到建筑的概念和观点的产生。这也就是为什么今天的建筑师和设计师会受到数字技术如此深远的影响，并且程度上远远超过以往的任何一个年代。数字技术的发展常常表现出对于建筑的主要构成元素建筑的物质性的威胁。建筑师近年来对材料认识的变化是对被数字技术影响的物质世界关注的直接表现。

人类对物质世界的理解很大程度上是受科学技术的影响。今天的数字技术预示了我们创造世界的根本方式将会发生改变：信息、数据、程序等等，影响了我们理解物质世界、建造物质世界和阐述物质世界。全球化的市场、电子媒体、生化科学和基因科学都在影响着我们人类情况。社会本身发生的根本变化，使我们生活在一个新的社会形态中。从某种意义上来说，如今的物质世界正在加速它的非物质化转变，我们使用信用卡、电子银行；从网络上下载电影、音乐；e-mail、QQ、msn短信息已经取代写信等等，我们生活在非物质的各种系统之中，物质世界与非物质世界逐渐融合，虚拟世界逐渐介入真实世界。即便在真实的物质世界中，存在的物体也有着越变越小，以及物体的各种功能相互融合的趋势，例如包含相机、手机和MP3功能的产品。许多产品逐渐从我们的视野中消失，或者逐渐模糊掉其原有的内在品质，变得不再是单纯的物体，而是一种媒介。向消费者售出最大量的产品策略已经被通过服务与消费者建立更紧密的关系所代替。这种社会经济的改变影响到我们的生活方式，加速了物质世界的非物质化转变。例如快餐业的发展、速冻食品的普及，必胜客、永和豆浆的电话送餐，将许多年轻家庭的厨房功能降到最低，在美国甚至出现了无厨房公寓，厨房的功能完全被一个微波炉和一个咖啡机所取代。

■ Concert Hall Entretiens, Viollet-le-Duc（图1）

悟语

既然我们生活在这样一个趋向非物质化的数字年代，那么数字技术的发展对建筑物质性的威胁的担忧是完全可以被理解的。当代一些设计师对这种现象的直接回应是对物质环境有意识地忽略，向非物质方向发展，或者对物体本身抱有一种迟疑的态度（图2）。"我厌恶物体，" Catalan 的设计师 Marti Guixe 在接受 Domus 的采访时说到，"但是另一方面我需要用他们，这就为什么我一直以来在试图控制物体的造型，而是仅仅设计它最纯粹的功能[1]。"在纽约现代艺术馆2001年举办的"Work Spheres"展览,他设计的并不是一个大家所期望的工作环境，而是一些药片，21种不同大小的药片服务于人在工作环境中不同的需要。比如"注意力集中片"（Concentration Everywhere）是一个不能吃的、硬的、不规则形状的药片，可以被放在嘴里滚来滚去，就像是一个在思考的人咬嚼铅笔（图3）。Marti Guixe 的设计概念是尽可能地忽略物体本身，发掘物体背后的其他层面的意义，心理学的、社会学的和材料学的。在这个设计中材料起到了不可代替的作用，设计师所设想的一切可能都是依赖将这个小物体放置嘴那一瞬间的触感来完成的。从这个例子我们可以看到，尽管我们的世界正在飞速地向非物质化发展，但是建筑或者其他设计的最基本的特性——物质性仍然有着永久存在的必然性。数字技术和虚拟世界的发展不会摧毁这一根本特性，而是在重新定义我们所处的物质世界，从而表现出对于设计的物体和过程的重新定义。

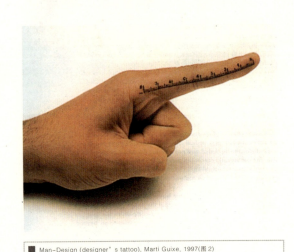

■ Man-Design (designer's tattoo), Marti Guixe, 1997(图2)

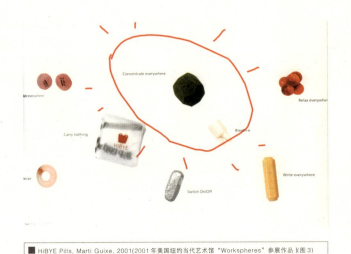

■ HiBYE Pills, Marti Guixe, 2001(2001年美国纽约当代艺术馆"Workspheres"参展作品)(图3)

[1]《Eating the Object》, Francesca Picchi, Domus 839 July/August,2001; p.p.152-157.

>>> 物质世界，数字技术，设计和材料

在设计领域中，造型设计在很长的一个时期里是设计的最终结果，物体本身（或者建筑物本身）一直以来是建筑师和设计师注重的首要因素。但是在物质世界、自然世界和人文社会的变化的时代，很多设计师对这种变化做出的相应反应是：对物体本身的兴趣开始转移到构成物体的各个因素：功能、技术和材料。因此近年来设计师和建筑师对于材料所表现出来的兴趣实际上，是对于物质世界正在发生的变化的回应。一方面计算机技术提供了大量新的机会，生产新的材料，改变材料的特性和外貌特征。计算机革命也造成了材料产业的革命。另一方面，更主要的是，设计师和建筑师对于材料新的兴趣是希望用新的物质化的方式去再现和阐述我们所处的这个物质概念转型的时代，毕竟设计的最终结果是物质的。就像我们的思想需要通过我们的身体表达和交流，如果我们希望理解并表现这个世界被表象所隐藏的东西，在物质世界之外的东西，我们更加要关注和处理我们所处的物质环境，材料是设计师面对的最基本的物质元素。

西方设计师对于材料的观念在很长的一段的时期里一直是统一和明确的，表现在对于天然材料的偏爱，和表现材料真实性的肯定。传统的设计观念认为，材料真实地使用是对宇宙间的美的基本法则的再现。这种观念在一些当代建筑师，例如Peter Zumthor的作品中仍然可以体现出来（图4）。受海德格尔的影响，Peter Zumthor认为人的思想是受其在所处环境中体验的影响，而人类是通过所处环境和世界建立各种关系。对于Peter Zumthor来说材料是建筑在环境中，包括自然环境和人文环境，诗意品质的载体。材料本身是不具有任何诗意品质，建筑师工作的目的和过程是：在特定环境中选择特定的材料，将材料的精华展现出来，使体验者的各种感官感受相融合，从而唤起体验的真实性。正是Peter Zumthor追求的绝对真实和纯粹造成他的建筑有一种脱离时代的怀旧情绪。在欣赏他的建筑的同时明显感觉到的是：与我们所处时代的距离。真实和纯粹已经不是这个时代的主要特征。

■ Peter Zumthor 设计中的材料应用，1979-1997（图4）

我们现在所处的时代是一个物质世界千变万化的时代，自然的、人工的、文化的、技术的各种材料媒体，这些条件都汇合到一起，使物质世界变得十分有意思和不稳定。因此设计师面对这种情况造成了他们对于材料的态度的变化。这种变化不仅仅是对材料关注程度的增加，更重要的是对材料的推动和革命成为当今设计师新的野心和动机。这一变化开始于上个世纪90年代，1995年纽约现代艺术博物馆馆长Paola Antonelli组织了一个引起轰动的巡回展"Mutant Material"，这个展览总结了当时的新材料在设计上的应用。1997年George Beylerian在纽约建立了可以通过网络操作的大型材料信息"Material ConneXion"，其中包括了1200种最新的革命性的材料。材料技术的发展受到了设计师的广泛的关注，逐渐成为了设计新的切入点，有些时候甚至在为设计提供新的概念。设计师们开始重新审视所掌握的物质条件，试图与这个十分数字化的物质世界形成一种新的组合。

悟语

物质世界的不稳定性使建筑师和设计师有了更多新的可能去面对材料和技术，而材料在设计中扮演的角色已经不再是单纯的自治个体，一种新的关系开始在构成设计的各个部分形成。其中最直接地受数字技术影响的观点是，将材料看作是一个媒介，通过不同材料的不同性能使光、信息、热能量等这些我们所处的环境中新生元素建立一种合而为一的关系。例如 Sheila Kennedy 和 Frano Violich 研制的"光与信息的书桌"（图5）是将聚酯丙烯的材料特性、家具的可移动性以及光和信息的可传播性结合在一起的尝试。通过这个小设计的研究，设计师希望挖掘的是，建筑的表面在未来可以成为信息互换的媒体。那些停留在计算机显示器上的信息可以延伸到现实的整个空间。像 Sheila Kennedy 和 Frano Violich 的这一类设计师在设计的最初阶段就将注意力集中在对于新材料的开发和研究上，在他们看来如果没有与材料的接触，了解材料的特性，就无法成功地对待整个项目。设计师希望通过材料建立物体与物体之间或者物体与能量之间的新的关系，从而重新定义物体或者建筑物的功能[1]。这种观念带来的结果是设计师对一系列具有传导性材料的研究，其中包括对现有材料的重新利用和介入新材料的研究的尝试。感光导光材料、热感和导热材料，以及各种感应装置的应用在设计领域中越来越成为一种普遍现象的同时，也出现了一批设计师参与生产的新材料，比如半透明的水泥、数字织物等等（图6和图7）。

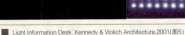
■ Light Information Desk, Kennedy & Violich Architecture, 2001(图5)

■ Give Back Curtain, Kennedy & Violich Architecture, 2002(图6)

■ CD, Tokyo, SANNA，玻璃外墙材料试验(图7)

[1]《Electrical Effects: A Material Media》 *Sheila Kennedy*

>> 物质世界，数字技术，设计和材料

在设计过程中，设计师选择性地介入材料设计，运用新材料问题是针对建筑学概念和产品设计概念而不是材料科学。所表现出的是一种对设计不同的思考方式：针对运用新的合成材料。设计师首先设计他们所希望的材料特性然后再去生产和加工，而不是像以前的设计过程：选择材料是基于材料以前就存在的特性。这是个有非常革命意义的事，这样一来就给设计师带来更大的责任，以及全新的设计方法。在增加设计的复杂性的同时，设计工作变得更有价值。而设计本身的价值已经逐渐脱离了传统意义上的美学价值，成为更具实用科学性的工作过程。在这一类设计作品中，材料本身的真实性已经变得完全不重要，或者很难定义，光、信息和能量都成为了某种材料，重要的是这个合成物所包含的各种信息和功能。

创造新的合成物，改变材料的自然状态，是当今许多建筑师和设计师共同的尝试，不同于前面提到对最新技术和材料的开发和应用；另一部分设计师对材料新的观念是通过设计想像力，有意识的使现有材料呈现出令人吃惊的非原貌的状态。这种改造更像是在已经存在的物种中加入新的基因，而形成一个新的物种，并往往呈现出混血儿般美妙的外貌。

■ Prada, Tokyo, Herzog & De Meuron, 2004(图8)

天然的材料和塑料的结合、软材料和硬材料的结合、材料的重新利用、废弃物的重新加工、将用在某种特定地方的材料放在不同的地方应用，比如经常用在屋面的材料用在墙上等等。赫尔佐格和德姆隆建筑事务所做过很多针对建筑外皮的材料研究都明显地带有这种主动的干涉材料原有基因的特征。在Prada、Tokyo的设计过程中，设计师对各种有机玻璃进行透明度的测试，并测试各种玻璃纤维的散射性，最后将玻璃纤维加入有机玻璃，并且利用电流使这两种材料在一起工作，最终的结果是一个发亮的丝绸外貌的隔膜（图8）。大家所熟悉的Ricola Europe Factory and Storage Building, Pfaffenholz Sports Center等项目中的丝网印玻璃，印有图案的混凝土预制板和各种形状的穿孔金属板，就像赫尔佐格曾经表示"对于在自然的（混凝土,玻璃）纹理中加入含有技术成分的新的纹理"是他们十分喜欢的一个概念[1]。Atelier Jean Nouvel的Agbar Tower中彩色幕墙和玻璃百叶相结合的建筑外皮（图9）、Mack Scoring和Merrill Elam设计的Clayton County Headquarters Library中印有图案的金属瓦楞板外墙（图10），都表现出将各种材料直接地间接地混合在一起使用的特征。这一现象也并不仅仅存在于建筑设计领域，室内设计、产品设计、织物设计等等都表现出对于混合各种材料基因的兴趣（图11）。另一点值得我们注意的是，这些合成材料所呈现出的不是材料本身的真实性，甚至在一些情况下建筑师和设计师有意掩盖掉材料本身的材质特征，材质的特征被覆盖其上的图案和肌理所取代。用不同的材料去设计图案和肌理是当代设计师对于材料的另一种表现(图12)。

[1]《Herzog & De Meuron-Natural History》, edited by Philip Ursprung, p.p244-245.

悟语

我们不得不考虑，设计师对于合成或者混合材料表现出的越来越大的兴趣的原因，以及对于材料的使用都几乎不约而同地向图案和肌理的方向发展的原因。这主要是由于数字技术的发展带给我们对于周围世界的新的视点和观察方式的改变。就像上一个世纪汽车使我们对于物质世界的观念发生的变化。Antoine Picon 针对汽车对我们对于物质世界的观念发生的影响曾经作出过细致地描述："当我们开车的时候，我们不可能像行走时一样去理解周围的物体，就像在高速公路上看到的建筑物是不同于散步时

■ Agbar Tower, Barcelona, Spain,Ateliers Jean Nouvel, 2005 (图9)

■ Clayton County Headquarters Library, Mack Scogin Merrill Elam Architects, 1998(图10)

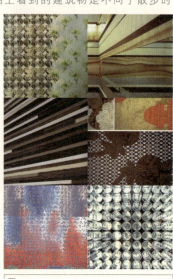

■ Clayton County Headquarters Library, Architects, 1998(图11)

看到的一样……今天的城市建筑表现出来的尺度和造型都是适用于汽车时代的……汽车带来了许多不同的感官感受，从加速到减速……我们今天已经完全适应了这种速度的变化并且忘记了那个没有汽车年代的缓慢但是正常的速度，并因而改变了我们每天对于空间的体验（图13）。"

■ Peter Zumthor 设计中的材料应用，1979-1997(图12)

>> 物质世界，数字技术，设计和材料

图13

Santa Cruz De Tenerife 连接码头, Canary Island, Spain, Herzog & De Meuron, 1998(图14)

Shibuya Station, Tokyo, Kengo Kuma(图15)

Eberswalde Technical School Library, Herzog & De Meuron, 1994 (图16)

　　今天的科学技术，尤其是数字技术的发展对于我们理解和感受世界的最明显的影响是视觉法则的变化。计算机的普及使我们的眼睛对于放大和缩小已经完全习惯，现代的交通和通讯技术造成了我们观察物体的距离的变化等等。一方面我们观察和理解事物的基础受到挑战，另一方面这些不稳定因素模糊了抽象与具象的界限。抽象的符号代码和具体物质的混合表现了我们所处的这个新的感官的世界（图14）。在今天，图案和肌理是抽象信息和可以被感受的物质实体相互连接的交点。图案和肌理一定程度上消除了抽象和具象之间的距离，在设计中图案和肌理的大量使用，不仅仅是建筑师对于人的视觉感受的考虑，而是暗示着对于物质世界新的态度。建筑领域中图像符号或者代码在材料中的频繁出现是在这种情况之下产生的。实际上是将建筑物立面，室内的或室外的，作为一个空间的介面，用精心选择的图像和材料使这个抽象的介面成为一个含有内容的实体，这个实体将思想的和社会的空间编制在一起。就像畏研唔在他的塑料房子的设计说明中有关材料与城市的描述："我希望通过对于塑料的应用与城市建立一种关系。在明治时期，是那些木制的出租房屋造就了特殊的城市景观。这种关系不可能从平面上被注意和描述，只有通过材料才可以认识到这种关系。"畏研唔的涩谷车站（图15）、赫尔佐格和德姆隆的 Eberswalde Technical School Library（图16）的立面都类似于这种媒介的性质。这也就是我们前面所提到的材料的纯粹性丧失的根本的原因。在我们所处的这个时代，越来越多的设计师希望材料需要具备更复杂的性质和特征，从而完成设计师创造理解真实世界，并与真实世界互动的最终愿望。

悟语

■ GSD Harvard, School Project,Tala Klinck, 2002 (图17)

这种希望使设计师和建筑师开始对材料进行重新审视。我们前面所提到的利用新的科学技术的手段进行材料和能量的组合，或者为了重新表现物质世界的复杂性而改变材料的基因。无论是能量上的媒体还是意识上的媒体，在这两种情况下设计师注重的不仅仅是材料的物质特性，视觉的和触觉的，除此之外其作用于其他感官的非物质性材料也同时成为设计师的研究对象，听觉的，嗅觉的，甚至味觉的。

技术的发展，尤其是数字技术的发展，一方面是对于人的新的认知力的解放；另一方面计算机模拟环境，虚拟世界的日趋完善等等，也使视觉面临着辨别真实的挑战，从而导致了其他感官感受成为了新的理解和感受物质世界的补充和标准。早在1949年Richard Neutra曾写到"我们必须反对以下的想法：只注意那些容易的被了解的和认知的感官感受……相反我们应该更加注意针对于非视觉化的建筑环境的设计的理解，在未来的体验中更加无疑的是这样❶。"Kenneth Frampton在论文"走向批判的地域主义"(Towards a Critical Regionalism)文中也提到"感官感觉不能简单地被降低到只是一种信息、一种表现，或者只是简单唤起对于现实存在缺少之物的一种影像的代替。"在Frampton看来感官感受是对于光、黑暗、冷、热等强度的感知。整个感官的体验，能够使以视觉为标准的体验得到补充，使体验得以完整，从而用以平衡以图像为优先权的周围世界（图17）。

■ GSD Harvard, School Project, Mette Aamodt, 2002 (图18)

哈佛大学建筑学院的学生Mette Aamodt曾经设计过一个体验装置，通过对嗅觉测试，观察味道作为一种材料在空间中的意义和能量（图18）。这个小设计是一个凹进墙体的壁龛，设计者希望这是一个让人休息的地方，体验者可以坐在这里放松，并且感受从墙内发出的丁香花的味道。在这个非常私密的环境里，体验者可以自由的通过嗅觉回忆往事，或者放松一下紧张的情绪。设计师关心和研究的是人的感官是如何对材料的特性做出反应，通过对材料物质性的研究和对人感官，以生理学为基础的研究，设计师希望在材料和人之间建立一个新的感官上的空间关系。甚至通过在设计中加入其他感官体验给与体验一个新的尺度，检验在什么样的程度上其他感官可以取代视觉。但是遗憾的是这种设计到目前为止仍然局限于学院类的研究课题之中。

❶《建筑的声音和味道》，Richard Neutra, p.p65

>> 物质世界，数字技术，设计和材料

Kunsthaus Graz, Graz, Austria, Cook Fournier Architects, 2003
Chanel, Tokyo, 2005 (图19)

尽管事实上，新技术为创造多种感官体验提供了不可预知的可能性。但目前图像文化却越来越占主导地位，尤其是它的数字化潜力，使得一些用应用数字技术的材料比如LED，LCD等受设计师垂青。而最终导致的结果是我们被各种视觉刺激包围着。在当今设计界中，所有的人看起来都像是在用同样的语法说话，不断地为周围的环境加入更多的视觉刺激（图19）。在这里根本的问题是，设计是不是和视觉刺激有所关联。新材料所提供的是不是让我们去堆砌现有的技术成果，所做的事情是和上一个世纪乃至19世纪之前毫无区别的另一种形式的装饰，视觉上的享受，并且在今天这种极致的丰富已经不再属于享受的一部分。

直接的触感接触，人的感官体验，和对人的心理的影响——对环境的体验和使用在今天越来越依赖于材料和技术。我们该如何面对材料？这必须回到设计的基本问题，物质世界将会随着数字技术的发展继续发生什么变化。作为设计师我们今天面临的问题是：我们在设计什么，如何去设计，用什么去设计，以及我们应该设计什么。尽管在技术变化发展如此迅速的情况下，我们很难真正理解世界正在发生些什么样的变化。我们可以肯定的是设计师和建筑师所表现出的对材料的热情和关注实际上是对今天的物质世界作出各种不同的阐述和回应。

悟语

当代建筑物表皮材料使用的倾向——透明度和互动性

>>> 涂 山

- 清华大学美术学院环境艺术设计系讲师
- 2006年获中国室内装饰协会颁发的"全国室内装饰行业优秀室内设计师"称号
- 2005年获中国建筑装饰协会/中国饭店协会颁发的"2005中国优秀酒店设计师"称号
- 2004年获中国建筑装饰协会颁发的"全国杰出中青年室内建筑师"称号

当代建筑物表皮材料使用的倾向——透明度和互动性

建筑的构造一方面是使建筑艺术成为可能的一种技术，另一方面又是建筑艺术内容的一部分。在第一种情况下，它只服从科学法则，而在第二种情况中，它必须服从于心理或审美的法则。建筑构造的美学方面的发展并不是和它的技术方面的发展相同步的。它们相互关联，但关系并不那么确定。有的结构和构造措施在技术上是有效的，但在美学上并不有效，相反亦然。一幢建筑物在结构和构造上的表露及实现给人们的感受可能会远远超出其基本效用。另外一些在建筑上起同等作用的结构和构造，却可能是隐蔽的，而完全不为我们所察觉，在我们的想像力中引不起任何反应。它们不是用和我们心理审美和结构相统一的语言来表达自己的。建筑研究的不是结构本身，而是结构效果对人的精神的影响，它通过经验、直觉与先例，学到应当抛弃什么，隐蔽什么，强调什么，模仿什么，这是建筑中艺术的成分之一。

建筑材料及建筑材料的加工和安装方式是建筑及建筑室内设计的重要表达方式，尤其是在现今建筑设计风格趋向简约之后，可以说建筑的细节设计是它的一种重要的表现内容。伴随着技术创新和对时尚的不断渴求，使得人们对立面装修的探索达到了前所未有的程度。在这个人们的感官不断受到刺激的商业化年代里，建筑师们不断努力创造出新作来吸引人们的注意力。计算机及计算机辅助设计软件的广泛应用起到了历史性的变革作用，它不但扩大了设计人员的能力和设计的范围和深度，而且改变了我们对美的鉴赏能力和接受能力。新的设计理念和形象透过网络和媒体一天之内就可以被传播到全世界，这对建筑设计难免会产生一些影响。除此之外，大量新的生产过程和成品技术，还有对建筑的节能的要求的增长，对建筑的外观及内部形式的设计，起了决定的作用。这其中的实体材料是玻璃、塑料类及金属网片等等，而背后则是大量运用计算机辅助设计软件的结果。在这里透明度是其中一个要点。举例来说：具有透明效果的金属材料被应用在建筑上，穿孔金属薄板可以根据观察者所处距离的不同在建筑外表结构方面给观察者带来一种有趣的视觉效果。从远处看，你将会有一种几乎是致密金属外表面的感觉，然而，它又会给你另一种感觉，你会觉得它几乎是透明的。光和影、晴天和雨天、白天和黑夜的不同强弱的阳光和室内照明光线穿过不同加工方式制成的遮光亚克力板，光线穿过的方式、强弱使建筑产生透明、不透明、半透明或者坚实、有力或润泽开朗的不同感受，使得建筑表面变得十分生动并且会给结构带来多种不同的效果，当建筑形象随着时空、气候变化而变化的时候，建筑就有了不同的表情。"外表"的概念就综合显示了一种轻盈、渗透性和某种外观可变性的意思。通过使用印刷、蚀刻和镀膜玻璃或室外用塑料（PM），并在上面覆盖百叶窗、打孔金属片或者金属网，建筑外立面可以达到任意的透明程度，并产生不同的层次感受。如今，建筑师已经在努力寻找一种方法来创造一种介于透明和不透明之间的建筑外表面材料。这些材料不仅可以运用在工业厂房建筑和临时建筑方面，许多建筑结构中都在采用这些构造和材料做一些更复杂的建筑部件。快速发展的制造技术制造出更多的有特殊性能的材料和产品，这些特殊的性能为设计提供了新的空间范围。经过计算机设计的带孔的金属板、栅栏和筛网到网状编织的金属纤维制品，满足了新建筑上对透光性的要求，这些金属制品的透光性已经可以和玻璃相比了。20世纪80年代以来，透明、半透明的表皮构成许多知名建筑物的内外立面。我们有很多成功的设计范例，比如伊东丰雄设计的仙台媒体博物馆、彼得.祖姆托尔的Bregenz艺术博物馆等。正如清水混凝土曾经是20世纪60年代的建筑材料代表一样，这种可变换半透明的建筑立面很可能在将来被视为我们这一时代的代表。

悟语

■ 乌得勒支的时尚学校（图1）

■ 幕尼黑的安联体育场（图2）

■ sony中心（图3，图4）

目前，许多建筑的外立面的功能，包括智能遮阳、隔热，都可以通过玻璃本身得以实现，同时结合穿孔的金属薄板和金属格栅部件后的玻璃幕墙还具有很好的遮阳效果，而且不会严重地妨碍建筑物的视野，较好地结合使用能达到较好的节能效果。随着可用于建筑物外墙结构的编织金属网产品的引入，使得在建筑物表面像窗帘设置轻质纤维编织金属材料成为可能，这种的金属网广泛应用于建筑物之后，引入了空间划分和围护的新理念，被包裹建筑形成有意思的建筑表皮的空间层次。金属纤维编织建筑表面的优点在于它们比较容易装配和加工，对保养的要求较低。

同样，特殊处理的亚克力材料也可以构成建筑物的另一层皮肤。就像Lacaton Vassal设计的大学学院的亚克力外立面，或像Erick van Egeraat设计的在乌得勒支的时尚学校（图1），直接组成一个独立结构的外层围护。不透明或半透明的亚克力可以使不同的立面的材质和颜色效果混合起来，纳米技术的新进程使亚克力具有玻璃表面品质成为可能。即使亚克力制品不会很快带地代替传统的玻璃，但它们仍具备的两大优点不可取代：它们能被塑造成各种形状，而且重量轻。事实上，计算机及计算机辅助设计软件的普遍使用使得十分适合对亚克力自由塑造、金属网片的排布和设计。

>> 当代建筑物表皮材料使用的倾向——透明度和互动性

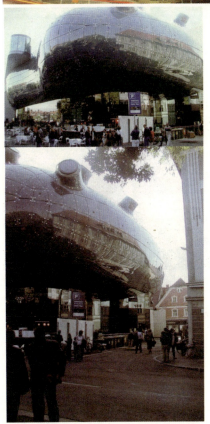

　　薄膜塑料早已在大规模的薄膜建筑中证明了它们的价值；薄膜建筑只受张力的影响，而且用料最少。应用的塑料薄膜，人们创造出巨大的像伦敦千年穹顶和可以结合照明的设计产生变幻效果的幕尼黑的安联体育场（图2）以及sony中心（图3和图4）的穹顶。在这些例子中，安联体育场通过可变颜色的内部照明标示出不同的主队正在进行比赛。塑料物质成了承重结构中的主要元素。塑料可以是不透明的，也可以是透明的，而且它们提供了广阔的可修改空间。但只有当塑料建筑体现出更好的设计品质和技术的时候，塑料才会在建筑设计中被完全接受，成为真正有用的东西。

　　2003年在奥地利的格拉茨，Peter Cook和Colin Foumier设计的Kunsthaus（图5）中，在一个方形基柱上设计了一个具有生物形态亚克力材料的体块。它是通过避免出现直线形状、消除墙壁和屋顶的分界线以及在晚上发光的材质来体现美学效果的。在这里，除了透明亚克力的立面维护结构外，来自德国的艾德勒兄弟（Jan and Tim Edler）还第一次使用了多媒体概念的外立面，1000个可控荧光灯和建筑的透明亚克力外立面面层结合可以播放动态的标志、图像甚至简单的影像。建筑的外立面在此又引入了第二个关键词：互动性。事实上，我们发现建筑外立面的互动性适合与建筑物外立面的透明度紧密联合在一起的，通过透明的玻璃或亚克力传递出图像或信息。这些年来，在计算机辅助的互动形态的建筑外观已经有相当的数量了。上面提到的伊东丰雄的风之塔是较早的作品。而由蓝天组（UN Studio）2005年设计的韩国首尔的Galleria百货商店（图6）的外立面采用了同样的原理，使用LED透过单

■ Kunsthaus（图5）

悟语

■ 韩国首尔的Galleria百货商店的外立面（图6）

元式鳞片状的表皮，传达出天气的变化或字母广告等等。而2005年12月艾德勒兄弟（Jan and Tim Edler）在柏林泼斯坦广场的一栋十一层的办公大楼（图7）的玻璃外墙立面上设置的一个1800个荧光灯组成的矩阵，则是较近的作品。其中每一个荧光灯都可以通过计算机独立控制，虽然一些艺术家则被委托来为这个巨型屏幕进行创作，但更多的时候，立面上出现的是一些由计算机随机产生的图像。正如美国波士顿建筑评论家罗伯特坎贝尔所说的："房屋通常是有某种可见的物质建成的，但现在一个建筑的立面，从地到顶都可以是一个不断变换图像的电子数字屏幕。它是一个广告牌？是一个建筑？还是艺术？这谁又说得清楚呢，这就是我们的世界发展的方向吗？我们是否会清晰地意识到我们所处的是虚拟的世界还是现实的世界呢？

■ 在柏林泼斯坦广场的一栋11层的办公大楼的玻璃外墙立面上设置的一个1800个荧光灯组成的矩阵（图7）

当代建筑物表皮材料使用的倾向——透明度和互动性

　　互动性的另一面体现在建筑和环境的互动。当代建筑设计加入了环境的观念后，建筑和环境的对话不仅仅在环境保护和可持续发展上有了关联，更从造型、材料、空间上有了呼应，这使得当今的建筑具有了完全不同于以往的建筑的表象了，它们甚至常常是随着环境及空间而动态发展变化着。例如，伊东风雄1986年设计的风之塔（图9）被认为是其中的尝试之一。一个老的水塔和地铁的通风口被用金属框架和穿孔金属板包裹起来，采用了30盏泛光灯和12000组灯泡和霓虹灯任意组合的方式照明。一个传感器被用来采集周边环境的元素，如：风力、交通噪声等，经计算机的程序处理将这些元素转变成各种照明的模式，使风之塔显示出不同的外观效果，因而这一作品被评论家称为"声视觉地震仪"。而以铜板作为建筑外墙的材料，由于建筑物所处地理位置、气候的不同，铜表面会有不同程度的腐蚀，随着时间的流转，建筑物的表皮会有不同颜色的演化和发展，在一段时间内它们似乎和自然之间有了一种融合和互动。新落成的美国旧金山新德阳（New De Young）美术馆（图8）坐落在金门公园内，太平洋的带有盐分的海风使包裹在美术馆表面的两万多块铜板会在十年内从黄色变成旧黄铜色然后变为灰绿色最后稳定在深灰黑色。在这种融合和链接当中，建筑物就成为环境中、时间链条上的一个组成部分，它使人们思考、感受时光和环境的变迁。上述这些也许是当代建筑中的艺术元素一部分吧。

■ 新落成的美国旧金山新德阳（New De Young）美术馆（图8）

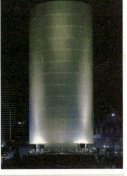
■ 伊东风雄1986年设计的风之塔（图9）

悟语

材料的善与美

》》杜昀

- 清华大学建筑学院建筑学硕士
- (加拿大)毕路德国际、(北京)毕路德建筑顾问有限公司董事
- 加拿大安省建筑师协会会员,注册建筑师、注册室内设计师

材料的善与美

■ 图1

■ 图2

自从人类在创造第一个工具时就已经懂得开始运用材料，人类为了适应不同的环境运用不同的材料解决了不同的问题。比如石器时代的人用石头做成的刀具，用石头碰击出火花，首先解决了生存上的问题。材料所折射出的就是人和物的关系。中国古人"万物有灵"的观念，反映了人们的物质观，以及对自然的一种态度。人在对自然、物质有所关照并有所创造性的发现时，它才具有一种灵性，具有生命，包含着对自然的一种敬畏和爱护。主体是人，客体是自然，主体被客体包围，主体身置客体中。这种主客体的关系就像一个太极图，是一种互动互含的关系。

善：

设计就是解决问题，最终是以人为本的角度去解决各类难题，应该是一个善意的空间，给人关怀安全感，这是首要解决的问题。善在某种意义上就是站在使用者的角度去考虑问题，而不要强加在使用者的身上。建筑不是建筑师的建筑，是人的建筑，它最终的归宿是使用者。这样的正面和反面的例子很多，作为建筑很经典的反面例子就是范斯沃斯住宅，密斯把自己的理想化的东西强加在居住者身上，用大块的玻璃和钢材，说白了也就给人家搭了一个玻璃棚子。女主人生活在里面毫无隐私（除了卫生间以外），仿佛时刻被窥视。由于玻璃和钢的使用，这房子冬天冷死，夏天热死，能耗大大增加，这建筑是不善的，虽然美丽（图1）。

也有很多好的例子。如印度建筑大师柯利亚，设计的贝拉布斯移民住宅，充分考虑当地人的经济条件而放弃中高层建筑（钢筋混凝土造价昂贵），采用低层建筑，使每个家庭都可采用当地的竹子和黏土等廉价材料来建造房层，既降低造价，缩短建筑周期，每户又可以自己对色彩和符号喜好来表达个性（图2）。

这是站在使用者的角度去解决问题，并从中找到一些解决问题的方法和理论。这样的建筑是善意的，也很美。这些案例说明，对材料的运用要根据不同的需求，解决真实生活中的问题，这样的空间才会善待人，而使用者也会对它产生感情，人和自然才能和谐地生活。

悟语

美：

  美是从原来状态中剥离出来的一种新的意义，才会产生审美。最好的例子就是杜尚的名作《泉》，《泉》实际上就是一个小便斗，听起来就不雅，怎么能和学院派大师安格尔的《泉》相提并论呢。杜尚很聪明，他把小便斗改变它放置的场所放进博物馆的时候，小便斗的使用功能就消失了，在博物馆，人们只会去关注它形式上的东西，当灯光聚焦在这个小便斗上时，突然就会发现平常日常生活中见不到的一种形式美，瓷器的细腻光滑和质感，流动性感的曲线，看起来就像是一个纯洁无瑕的少女，不就是安格尔名作《泉》的现代版吗。

  这个经典的例子，说明了一个道理，美就在生活中。很多现成品几乎不需要任何改变，只需要改变它所处的环境时美就产生了。很多老厂房、老城区改造都是遵循这一原理。生活中有大量的材料需要设计者去开发，赋予它新的意义。需要设计者有很高的美学素养和艺术品位，懂得欣赏艺术作品甚至能创造艺术作品。例如，柯布西埃就是一个痴迷绘画的人，他的抽象绘画艺术价值可以说毫不亚于毕加索，解构主义大师里布金斯在做建筑以前是一个专业演奏家，良好的艺术素养能够让设计者具有将普通材料转化成具有审美快感的能力。对材料运用水准的高低是设计者的专业素质、艺术修养和人格的一个考验。现代的我们生活在一个高度人工化了的自然之中，可以说已经没有绝对的自然了，我们使用的几乎都是人工化的场所，对于建筑和室内设计来说，材料的生命永远是人给的。

■ 图3

■ 图4

■ 图5

■ 图6

材料的善与美

发现材料的善与美：

不同的自然环境物质条件会产生不同的文化、观念，由这种观念文化中又生长、创造出不同的物体，在建筑上犹为多样，在传统民居上，如江南水乡民居、黄土高原的窑洞、热带雨林的高脚竹楼、草原和沙漠的帐篷、北极的冰屋、西伯利亚及北欧的木屋、地中海沿岸的石板住宅、非洲的苇草泥屋等，这些都是根据生态条件就地取材的建筑，生态环境及可用自然材料差异性造成了建筑风格的差异性很大。

现代城市中的城中村也有很多这样的案例。城市的文化更加多元，材料的运用就更加丰富。

经济上的极度贫困导致生活条件的极度苛刻，物质的极度贫乏，空间上也极度的拥挤，一个极限的住宅。这种住宅什么材料都有，基本上是一些废弃的甚至非建筑材料：木板、锈铁皮、塑料、广告灯箱布等，一切可以挡风遮雨的都作为一个搭建房屋的材料。建造者都属于弱势群体，建造仅仅满足生活最基本的需要，自然不会去考虑美观问题，它解决的却是最真实的生存问题（图3~图5）。

在空间和材料的运用上可以说是从生活中自然生长出来的，也许不是那么甜美，但是却能给人带来一种真实的震撼。也许我们习惯于常观的惯性思维，做设计总有这样或那样的规矩和顾忌。对于这些随意搭盖的房屋，对材料的随意使用造成了一种奇特的视觉效果，确实给我们设计者有很多的启发。比如图6的这个房屋，或许还称不上是一个房子，只能算是一个窝棚，可能随时塌垮掉。可是它却有一种极其震撼、真实的美。墙面用捡来的布，由于每块布的尺寸不够覆盖整个外墙，建造者用各种布料乱拼在一起，在解决了覆盖墙的缝隙这个遮蔽功能以外，它还具备很好的审美趣味（尽管这是一种无意识行为，但的确是达到一种审美上的感受）。墙面的布达到了一种拼贴的效果，由于尺寸大小的多样性，使得在构图上较有节奏感，在表皮上达到了一种视觉上的丰富感、愉快感。由于色块的冲击，使得建筑在视觉上消解了一部分原来具有的形态，产生了一种平面的感觉，请注意看下面一块绿色的布，这块布相当精彩，与环境处理得相当融洽，因为屋旁的杂草也是绿色的，这样房屋的边界的一部分好像与地面连成一体，这样其他色块的漂浮感就加强了，它不再仅仅是一个作为居住的房屋的存在，它形成了一个有意味的形式，是有了审美的特征。如果把这个房子搬到一个一望无际的草原上，而背后是一块蓝布一样的天空，那种景象应该是极其美妙，正像立体派绘画大师布拉克画的音乐感般的静物。所以说，在建筑材料的运用上，一旦将材料运用到建筑中，并将它从原有的使用功能中驳离出来，形成一种有意味的形式，并传达给观者，这样材料就具有生命感、会说话。

面对这样一些破败的类似窝棚一样的房子，除了感动以外，我们应该有所思索："生活中不缺少美，缺少的只有发现"。套用这句话来说"生活中缺少的不是具有美的材料，缺少的是我们怎么发现它"。人们常说某个材料难看，比如前些年非常流行的榉木，当年全国上下被大量使用，现在很少人用榉木作饰面板，这不应该怪材料本身，怪只怪那个时候设计的恶俗，使人一看到榉木就想到那油黄的墙裙，猥琐不堪的玄关及电视墙，直至使其成为恶俗的代名词。可为什么北美的住宅很多榉木为什么就用得那么优雅、沉着呢。

悟语

"材料没有罪，有罪的是设计师"，材料本身因为人的点化才使得它具有生命、有审美价值，不同的审美价值同样的材料，也会产生不同的空间性格。比如：柯布西埃与安藤忠雄在对混凝土的运用上就大不相同。柯布的原始、粗野，安藤的现代、精致；柯布的奔放、诡异，安藤的内敛、沉静（图7和图8）。

如博塔与斯特林都算是善于玩砖的大师，可两个人设计出来的东西感觉就是很不一样。一个质朴、内敛，一个细腻、轻快。这种从材料中散发出来的气质可以说是材料本身的美感与设计师思想的结合(图9和图10)。

其实，朴素的材料本身就是天然的产物，就是一件值得我们保留的艺术品。一块花纹绚丽的石头，一块绣迹斑驳的钢板，一块带有奇异花纹的木头都可以是设计师眼中的材料，但却不一定是空间使用者眼中的艺术品。所以定义材料为艺术品必须与材料使用的物质环境联系到一起，与空间捆绑到一起，在实体的空间界面上发挥它创新与极致的魅力，才是成为艺术品的前提。

怎样才能让普通的材料达到不普通的效果，成为一件艺术品？

首先：充分了解材料的特性，物理化学性质与视觉性质。物理化学性质包括：吸水性、透光性、反光性、抗裂性等等。视觉性质包括：视觉上气质印象，或温和或冷峻，或亲切或时尚等等。

其次：了解材料与其他介质发生关系所产生的变化以及产生的新的视觉效果，与阳光与灯光与水分等。例如：一块石子不带有透光性，但把它堆砌到一起，中间的缝隙就与阳光这个介质发生了关系，带来光斑粼粼的视觉效果。

第三：用新的方式重新来定义与组织材料，这与新的施工方式密不可分。一种相同材料可有十几种甚至更多种不同的构成方式来组织它。常规的思维惰性影响了对普通材料的创造性，用新的构成方式来组织材料就能得到新的面孔。

图7

图8

图9

图10

材料的善与美

图11

以石材为例:
普通石头的堆砌[1]

赫尔佐格和德·梅隆开拓了金属石筐作为美国加利福尼亚Yountville, Dominus Winery的大型遮雨屏的潜在功能。与黑红色的火山土壤和海岸的山脊比较,赫尔佐格和德·梅隆的石材护面不可避免地存在着可塑造的外表。由于有很少的自然风光,这种建筑自然被认为是一种当地的艺术。

这种金属笼子是经过压扁包装后从瑞士进口来的,然后安装到相应的地点,再把当地火山的玄武岩填到筐内。这种岩石的颜色相融和,它们可作为地梁,并有不锈钢筋嵌入其板面内。在有钢结构的区域,它们被安装成上部的钢结构建筑的支架;"可以把我们运用这金属筐的方式理解为带有一定半透明程度的石材的编织工艺,这和传统的石砌建筑有很大的不同。我们在Basle按比例建造了第一个实体模型来检验不同的透明度的质量,同时也检验这种结构的技术可行性。第二个模型是在Yountville,按其原有尺寸建造一个高为9m(29.5ft)的实体模型。对这些实体模型的测验是十分必要的,因为这样才能够对这种新的建筑元素比较了解,即使是仅仅作为一座石墙。"

这种金属筐模子的尺寸是900mm × 450mm × 450mm(35.5in × 17.5in × 17.5in)。在墙的底部用密集的网络和细小的石材来防止其蠕动。在上面放置大的石块。最大的石块要被用在其外表面和储藏室。这种储藏室自身是由环境来控制的,它可以通过金属筐墙的上部和光滑的表面来吸收自然光和通风。级配好的排列紧密的石料最大限度地保证了与上面的隔离,使得地下酒窖没有一点自然光。于是酿酒的橡木桶就放在建造在级配好的玄武岩上的水泥板上,地下的湿润空气通过玄武岩的缝隙渗透到酒窖来增加房间的相对湿度。而金属筐的防雨屏则相当于半层皮革,起隔热作用,晚上,这些石材又起到隔热材料的作用(图11)。

[1] 引自David Dernie《New Stone Architecture》,王宝民,任铮钺翻译,新石材建筑。

悟语

■ 图12

■ 图13

■ 图14

石头花纹的透光 ❶

　　Alberto Campo Baeza 在最近为银行总部所作的设计中营造出了光和石材的神奇效果。该项目称为 Caja General de Ahorros，位于加拿大南部郊区。近似于立方体的混凝土结构坐落于巨大的柱基上，基础上面种植了菩提树和橘子树。混凝土建筑外表面规则地开了一些洞口，与南立面上3m深的圆形洞口区分开来。北立面上是水平向的矩形带关窗，立面局部用了石灰石作外装饰。内部是两个"L"形的办公层，进深分别是15m和9m，四个角通向中央。在一层有一个会议大厅，这样就形成了一个七层高的中庭空间。步道和会议厅墙面均以凝灰石作装饰。会议厅里面有四个柱子，承载着屋顶的混凝土结构。强烈的阳光从屋顶的西南角投射下来，穿越中庭空间，斜射到对面的石膏板墙面上，照亮了背向的办公层的两个面。一条通道将办公层与中央大厅分隔开来。石膏板通过钢和铝的构件固定在混凝土结构上，它调和了办公室和中庭之间的太阳光。在晚上，它作为背景，创造出了发光石材的壮观景象（图12）。

　　这一主题证明了目前在透明石材工艺方面何种尺度是可能的，但它脱离了传统的重点。传统上强调抽象性，认为发光的是石材，表现了天堂和大地合二为一的意向。在这一点上，透明石材变成极好的奇观，成为纪念活动中具有都市特色的工具（图13和图14）。

　　原始材料是可使用材料中重要的一部分，而工业产品的不断创造，大大地丰富了设计师创造力，但传统的使用材料，例如：铝板、块状的吊装、瓷砖块状的铺装，解决实际的功能问题后，容易产生审美废劳。怎样让常见的工业产品具有新面貌就变得更加重要。

　　深圳招商海运中心处于深圳蛇口，室内设计面积约为56500m²。

　　其建筑设计的灵感来源于"集装箱"。因为场地地处沿海临近港口，周围的环境特点为堆集的"集装箱"以及繁忙的货运景象。建筑的形体关系为长方形的组合。留给我们室内的空间多是简洁的矩形空间。我们希望延续概念的一致性，建筑、景观、室内的设计与场地形成对语，达到和谐的效果！所以，室内设计同样延续了"集装箱"的概念（图15~图17）。

　　在材料的应用方面我们希望所选用的材料的气质能与设计概念相符合，以入口大堂和报关大厅为例来具体阐述。

　　在入口大堂的设计中，我们创造了一个"Container"空间，并希望侧墙能达到集装箱堆砌到一起的效果，我们从收集的资料

---

❶ 引自David Dernie《New Stone Architecture》，由王宝民、任铮钺翻译，新石材建筑。

>> **材料的善与美**

■ 图15　　　　　■ 图16　　　　　■ 图17

中提炼设计了一组合图样，由四种模数的不同肌理的同种材料进行组合，最终选用了石材拉缝的做法来达到此效果，材料的选择也经过了一系列的推敲（图18）。

■ 图18

悟语

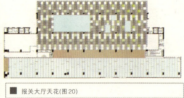
■ 报关大厅天花(图20)

■ 报关大厅 方案一 (图19)

其报关大厅的设计，我们运用了铝板的设计，但是并没有局限在块状的吊装，我们分析铝吊片的特性：可拼接、可变化色彩，运用了"集装箱"的概念，铝吊片的金属性质又与本次方案的现代气质相符合，所以我们运用新的构成与色彩变化来组织铝吊片的拼接，结果产生了丰富的肌理效果(图19~图22)。

保留材料的善与美：

老建筑的改建与重建已经成为这个时代的历史性课题。众所周知，在历经由加工型产业大国到创意产业大国过渡的历史时期，作为保留的厂房以及老建筑也面临重新被赋予一个新的身份与价值。在新时期使用新技术新材料，以达到加固和改善老建筑的内环境和外环境，同时做到老建筑在新的发展时期如何保留传统文化性和工业化的历史传承性，这是一个需要我们反思的。

我们不仅要能发掘新的材料新的使用方法，更重要的是如何赋予老材料新的意义。对于设计师来说，材料的使用首先是空间观的体现。其次要有一个敏锐的对场所的感悟，不仅要能够"触景生情"，还要能"急中生智"，找到解决问题的最好办法。第三对材料自身物理特性的最大发挥，如用瓷砖仿木纹，用塑料仿陶瓷，容易使人产生一种虚伪的感受，应顺应材料自身的特点，唤醒适合其特征的表现力。

那么，究竟新材料和新工艺在新时代是该给老建筑穿一件时尚的外衣呢，还是保持材料的本质，使其具有可持续发展性呢？这本身就是一个壳和核的关系。

■ 铝板的普通吊挂方式(图21)

■ 铝板的创新吊挂方式(图22)

材料的善与美

图23

图24

一方面，我们可以用新技术来尽最大可能地保留老建筑的有价值的部分，以不破坏历史风貌为原则，所有的建筑装饰都将遵循以前的旧貌，将材料的质地和纹理得以保留和复制；甚至用新工艺仿制有历史感的建筑材料。利用新材料的模仿性来延续空间的历史。遵循这一点，利用新材料可以充分发挥其新的物理特性。我们最近完成的一个旧厂房改建项目[1]，采用了一种水泥罩面漆模仿混凝土的质地（也就是把这种罩面漆刷在水泥面上，达到一种混凝土的效果）。这个建筑的历史涵义超越了建筑本身的特色，所以我们采用延续其工业化的风格，在砖砌墙面上覆盖了一种仿混凝土的材质。材料本身就散发了朴素的美（图23）。

而且，我们在老建筑的西面墙体之外又编织了一面绿色的植物墙，采用了天然的绿色爬藤植物，形成了一面天然环保的柔软皮肤（图24）。

此外，在中庭空间采用了天光和水景的自然景观的设计，部分的吸声木板设计，保留了作为工业建筑的本质（图25）。

老建筑中每个材料都是有记忆的。旧建筑斑驳的墙面，巨大的水泥结构以及废弃的机械设备都可以作为我们使用的材料。设计师的智慧往往是赋予昔日的工业建筑人性。这些材料记载了几代人的工作与生活，看到它们都能唤起我们对往昔的回忆。德国鲁尔区：废弃的破旧的工业区被改变成全新现代生活方式的空间；一个废弃的瓦斯储放槽经过加固后成为供青少年潜水的基地；注满水后放入一条沉船和一辆车，成为救难训练的道具（图26）。

昔日的厂区变成了男女老少聚集的公共溜冰场（图27）。

图25　图26　图27

[1] 此项目是将深圳蛇口工业区的最早的一幢工业厂房。三洋厂房改建成招商地产的总部办公楼，建筑面积约2万4千平米。

悟语

由英国艺术家Jonathanpark的照明设计把高敞的废弃厂房和机械设备装点成如梦如幻的舞台和party场所(图28)。它既保留了工业空间的完整记忆空间,又具有丰富的文化内涵场所。原来供数百人冲凉的浴室的墙面瓷砖甚至肥皂盒都被保存下来,如今变成了供舞蹈团训练表演的基地(图29)。材料的记忆勾起了人们对逝去空间的故事的重新拾起,甚至产生了一种电影中蒙太奇的感觉,我们现在的生活是不是都曾经发生在不可能的过去?片段的记忆构成了空间里极其丰富的语言。我们从老材料中读着过去的故事,过着现代生活,狂欢着,同时沉浸在时光错位中。

■ 图28

老的就是好的吗?重复过去就是创造吗?有些人喜欢用一些旧的瓦片、砖或木材,但这种做法未必长久。一来太表面化,二来旧物料实在是太宝贵,维修上也有问题,不太有效率。如果像上海新天地一样,原封保留建筑;还是像英国Tate Modern美术馆建筑改造一样,大部分保留,小部分重建?毕竟现在是全球化的城市,一味的遵循古法,也应该融入新的元素。在有选择地保留壳的同时,其内部的功能配置上却是全新的。工作,娱乐和生活在其中的人,他的生活方式是现代简约的,而非传统的。其中最具代表力的是英国伦敦最近的一个旧建筑改建项目:伦敦火药厂改建。这个具有近百年历史的建筑临泰晤士河的南岸,有着丰富的历史意义和惊人的建筑体量,是伦敦的代表性建筑。新的改造计划是保留火药厂的主要外建筑立面,同时重建了建筑内部的空间以及建筑的顶部作为美术馆;另外新建了现代风格的酒店和高级公寓。在新建的hotel和apartment 的建筑中,玻璃被大量使用在立面上。狭长的片状玻璃和有几何抽象的cubism混凝土建筑环绕在悲怆的老建筑周围,不但没有任何的不协调和孤立感,反而更加突出了老建筑本来具有的工业特色(图30)。

■ 图29

古老的文化和丰富的内涵被有选择地保留下来,同时加入了新材料和新元素。酒店的室内空间设计运用了具有东方韵味的设计语言,木制的片状墙体和地台似乎是古老的建筑外立面上红砖的延伸,更具有东方的温润气息(图31)。

■ 图30

■ 图31

》》 材料的善与美

一些设计师利用新材料的朦胧美和透光性来改建老建筑，达到一种新与旧的交替。这也就是说，不去破坏老建筑本身，也不去在建筑的旁边做奇异的造型，而是利用新材料本身的特性，让材料自己说话。当古老的建筑被披上了一层薄薄的纱，就犹如阿拉伯的少女头上垂下的白色的面纱，含蓄而动人。当全球都在谈 cubism 的时候，欧洲的建筑师似乎更倾向用一些朦胧的盒子去概括古老的建筑，将其放在一个玻璃罩子里。于是历史成为和你有一段距离的时候，你更能感受到它的博大。更何况，我们不是在刻意的模仿历史，看起来更像是一种剥离出来的壳，日久弥新。例如在纽约曼哈顿 Louis Vuitton 的旗舰店（图32）设计中，设计师选择了建筑本身所具有的欧洲风格的建筑特色，并没有因为要标榜自己的品牌而破坏建筑，而是采用了一种可以透光的薄膜罩在了建筑外面。当夜色降临的时候，灯光从一个个大小不同、颜色各异的窗洞里透过薄膜朦胧的映衬出建筑的依稀轮廓。这种美是含蓄的，东方的。

图32

对生活的观察，广博的知识和体验有助于发现材料的运用、学会运用逆向思维，向不会设计的人学习，从生活中发现有创意的材料的用法。例如：我们都可以在大排档的食品售买车上发现一些看起来很奇特而且功能上极其巧妙的改装，比如用塑料红桶做灯罩。记得有一次在一个郊外的树林的一个大排档宵夜，店主用日光灯管在每棵树上各自横七竖八的捆上一个日光灯管，他可能是无意的，可在我们看来酷死了！本来冷冰枯燥无趣的日光灯管变成了各种白色短线，漂浮在空中，对日光灯的印象马上变得独特起来，这就是典型的创造来源于生活的最好的例子。设计师的自身修养和品格、社会责任感，首先应该求真。现在很多人认为室内设计师好像就是一个时尚行业，于是很多设计师容易经常拿新材料来忽悠人，好像新材料是吸引甲方眼球的法宝。所以在一些作品中，我们看到的目不暇接的新奇材料的运用，却看不到有创造力的空间。材料的应用是不能脱离于空间之外的，就像绘画中的一笔色彩用得不对，马上就会不在那个空间中，成为一笔颜料沾在画布上。很多时尚的东西容易让我们只注意事物的表象，追逐短暂的虚荣，而不去挖掘内在本质的东西，时尚回避真实，他们永远也不敢玩真的，时尚可以说是叶公好龙，要警惕时尚，要求真！

材料本身是无语的，关键是设计师如何运用它来说话。它可以来说一段感动的故事；它可以塑造空间的本色性格，如牛仔布代表着历练和野性，丝绸代表着高贵与优雅；或许它像油和水之间的关系，不存在任何的空间与物质，却使新与旧分离，让人体验着不同文化的交融。材料可以是人性的，因为它就在你身边。它凝结了设计师的感情线索，也牵引着使用者的情愫，一如往昔，甚至世代相传。我们可以把一栋老建筑看成是一块斑驳的砖或是一片锈蚀的铜，乃至是每年春天都会开放的迎春；我们也可以把弃之不用的机械设备和粗糙的水泥墙面作为我们构造空间的材料；一把明式的椅子也可以经过艺术家的改造，成为意想不到的设计语言。其实，材料可大可小，关键是如何看待它，运用它本身的性格去塑造空间。这个时代，我们呼吁的是本色的演员，而非矫情做作的演出。挖掘材料本质特色，用它去塑造空间的本质性格，让材料本质发声。

悟语

感悟材料——
现代室内设计中的装饰材料

>> 王伟

- 鲁迅美术学院环境艺术系教授、研究生导师
- 鲁迅美术学院艺术工程总公司总经理
- 全国杰出中青年室内建筑师

感悟材料——现代室内设计中的装饰材料

在现代室内设计中，对材料选择只注重其实用性的时代已经过去了。在信息社会的今天，由于人们有更多的时间在室内生活和工作，室内的环境品质日益为人重视。随着人们生活水准和审美情趣的不断提高，室内装饰材料的运用从过去单纯地为装饰而装饰的"唯美"状况中转向对材料视觉、触觉的综合体味和个性化感受。这一观念的转变，使得材料丰富的表现力得以发挥。材料为设计师呈现风格，表达观念，成为人们传达个体情感及审美情趣的载体。

近年来，科学技术的进步和经济的发展，以及城市的迅速发展，这些都不同程度地促进了新材料在室内设计中的广泛运用，带动了建筑材料的更新和室内装饰材料的创新。新材料、新工艺带给设计师不同的创作元素和灵感，新材料呈现出的材料肌理和技术美感，让设计师沉浸其中，穷尽人之想像的经典设计及材料运用，让材料散发出无穷的魅力。

一、室内设计装饰材料

室内设计是依据不同的空间功能及群体需求，确定室内的结构、材料、造型、色彩、工艺等形式，构成其功能和审美因素。室内设计一般包括空间形态设计、室内装修、室内物理环境设计以及室内的陈设设计四大部分，其中涉及装饰材料运用的主要有室内装修及陈设家具设计。

室内装饰材料一般指用于室内空间的各种饰面材料，大致可分为地面、立面、顶部三大类。作为装饰、美化室内空间环境的表层材料，装饰材料对室内空间的形态、特点以及空间的品质、设计的风格的体现有着极为重要的影响作用。材料具有界定空间的作用，设计师常常利用不同的材质来区别空间的功能分区。当室内空间形态有缺陷时，合理的材料运用往往能起到弥补不足、化腐朽为神奇的作用。材料与空间形态、光照、色彩的巧妙搭配可以让设计与众不同。在室内环境设计中，材料的应用主要在空间的实体部分。室内空间的界面主要是墙面、地面、顶面、各种隔断等，材料的应用需符合界面的功能和结构特点。

在室内环境中，人长时间的停留，更易于与各类材料产生近距离的接触，因此，室内装饰材料更注重材料的质感、触感、色彩、肌理。由于材质是人的视觉、知觉、触觉的直接界面材料的特征表现。室内空间界面材料的选择，既要注重材料的属性、质感，还要考虑到空间形态构造限定，考虑到人的主观需求和审美情趣。这样，才能取得理想的设计效果。因此，在室内材料的应用设计中，设计师应综合考虑材质的实用、装饰、环保等。同时，对材料的熟知和合理运用也是设计师必备的基本素养。

悟语

二、材料感悟

1.材料风格

包豪斯在设计中强调的"国际风格",把材质美提到了一个新高度,把材料产生的视觉审美扩展到触觉审美。格罗佩斯在设计包豪斯新校舍时,校舍几乎没有任何附加装饰,朴素、简洁的大面积玻璃墙面和素墙以及利用楼梯、五金等材料获取的装饰效果,为现代室内设计的材料运用确立了一个新的里程碑。

在密斯注重技术美的许多室内设计作品中,简洁明快的墙面、灵活多变的流通空间,特别是在运用钢和玻璃等新材料与传统砖木,大理石的有机结合的方面取得的成功,已成为现代设计师广泛运用的手法。建筑大师赖特的"草原式住宅"的室内材料运用,以材料的自然肌理和质感,使建筑饰面材质形成强烈对比,充分体现出人情味和地方特色。

■ 图1

■ 图2

当代,多元化的室内设计流派和风格导致材料运用的迥异,也使材料运用显示出多元化的倾向。现代主义和极少主义,由于其迥然不同的设计观点,现实主义在饰材运用上遵循"加法"原则,注重材料的调和性。与此相反,极少主义采用 "减法"手段。把材料自身的个性和特性挖掘放大。注重材料的单体化和特殊肌理造成的艺术效果。

高技派在材料运用上,充分反映了当代最新工业技术和材料的机械美,致力于挖掘新材料、新工艺中的美学因素,使材料与建筑室内功能及设计师所要体现的意境相统一。高强铝、钢、复合塑料、玻璃等现代新材料与网架结构、玻璃幕墙等新结构的互为结合显示出高技派将室内装饰材料与建筑饰材合二为一的特点。巴黎蓬皮杜国家艺术中心作为"重技派"产物,设计运用了硬铝、高强钢、塑料等各种新材料,创造性地把结构部件、管道处理为室内的一种特别"装饰"。运用现代高强材料,以暴露、结构和设备管道以及鲜艳的色彩而达到装饰效果的设计在当今的许多公共室内空间中都有所体现。

传统风格:在室内的用材上充分注意不同材料的特征质感,木质、竹质、纸质等天然绿色饰材被应用于设计中(图1和图2)。

感悟材料——现代室内设计中的装饰材料

自然风格：自然风格倡导回归自然。多用木料、织物、石材等天然材料，显示材料清新淡雅的纹理，表达出简约、清雅、淳朴的风格。

现代风格：摈弃繁琐的装饰，以豪华的材料取代朴素的材料，注重材料自身的质感。

后现代风格：在材料的选择上具有很强的自主性，选择的材料既可能是高档豪华的人工材料，也可能是朴实无华的自然材料，还可以是自然材料与合成材料的大合并。

多元化风格：设计造型简洁、用材考究、色调明快，注重新工艺、新材料、新技术的运用，抽象的点、线、面、体表现得较多，这种风格对现代的年青人来说很容易接受。

2. 材料技术

现代新材料的广泛运用为现代设计的发展不断地注入活力和生机。现代装饰材料多由工厂批量生产、材料模数化，易于组装的特点，充分体现出现代科技和工业化的精神。技术的发展、不断创新的新材料，使原本难以实现的设计形态成为可能。材料及其施工工艺技术的发展，使得材料成为设计师表现空间，传达设计理念和时尚信息的重要元素。

科技的发展促成了各类新型材料的不断出现，如：大理石、木材、金属、编织物、玻璃、塑料……。被设计师广泛应用于室内设计中的新材料，无论是物理性能还是在施工方面，都大大优于传统材料。在对待传统材料的问题上，把传统材料与现代材料组合使用，是挖掘传统材料表现力的有效途径。设计师一方面需充分熟悉新材料的性能和表现力，从中寻找创造设计的新灵感。另一方面，采用新工艺技术，展现传统材料质朴的材质质感。

当前，我国门类繁多的装饰材料，一方面给材料的应用带来了广阔前景，有助于提高装饰工程的质量，一些富含科技含量的装饰材料，由于其质轻、易安装、或兼具隔热、保暖、隔声、节能、防火、无污染等优点，在现代室内装饰设计中被逐步推广使用。如具有防火、阻燃性能的木装饰、室内织物，以及复合型的超薄、贴面的塑铝、塑钢等复合材料。

当今室内设计十分注重表层材料的选择和应用，强调素材的表现力。例如裸露的水泥和木材质地。金属复合板材、人造石等，这些经现代高科技加工的材质以其冷静、简朴和光洁的特性深受设计师青睐。此外，不锈钢、金属板材、尼龙拉丝、彩色涂料、PVC板、人造石等作为现代科学、技术的生产物，也被广泛应用于室内设计中。

悟语

3. 材料属性

室内空间环境装饰的目的就是使人的工作和生活环境在空间分布和视觉效果上能够在整体上达到人与环境的和谐。这种和谐在很大程度上取决于所选用的装饰材料,因此,设计时应熟悉各种装饰材料的属性特征,充分考虑到各种装饰材料的适用范围,根据空间环境的要求合理地配置和运用装饰材料。

装饰材料本身具有独特的属性和审美特征,不同的装饰材料给我们传达出不同的信息。不同材质的对比、衬托,在视觉上产生不同的效果,既有对立又有和谐的韵律美。不同质地的材料相互衬托产生的美感和同一种装饰材料在不同的空间环境中所表现出的不同效果,说明了装饰材料所具有的独特属性魅力。装饰材料在不同的空间环境中使用时,必须先对材料的装饰属性、使用环境,结合装饰主体的特点加以综合考虑和分析比较,才能从众多的装饰材料中,选择出一种最佳方案。

设计常常通过各种不同材料的组合,如:利用材质硬与软的质感、粗糙或平滑的肌理、亚光或光亮的表面,将其属性特征展露出来,达到设计所需的效果。

肌理纹样:

不同的材料呈现出不同的质地纹理,材料表面肌理的不同构成了复杂而奇特的纹样质地:水平的、垂直的、斜纹的、交错的、曲折的等各种自然与人工纹理,极大地丰富了室内环境的视觉感受。合理地组合运用可以使环境丰富多变、华丽精巧。在材料的设计运用中要大胆创新,追求对比变化,在变化中达到室内装饰风格的和谐与统一。

细腻与粗糙:

在装饰材料中,表面光滑细腻的材料众多,如大理石、花岗石、瓷砖、木地板、金属、玻璃、涂料油漆等,其使用范围也较广。人们对光滑的材料特别偏爱,认为这类材料象征着洁净、豪华、高档。表面粗糙的材料如:毛石、文化石、粗砖、原木、磨砂玻璃、长毛织物等,它们一般被用于局部的装饰,与整体的大面积的光滑材料形成强烈的视觉对比。

硬与软:

材料在视觉及触觉上具有硬与软的区分。如:石材、金属、玻璃的坚硬、冰冷感;纤维的柔软、温暖、亲近感。

冷与暖:

各类装饰材料在视觉上有明显的冷暖色彩倾向,在触觉上也具有冷暖特征。坚硬光滑的材料触觉冰凉,柔软粗糙的织物、毛石等材料具有温暖感。木材在视觉及触觉上都有温暖感。掌握材料质地的冷暖特征,对材料在环境中的具体运用有重要的指导作用。

光泽与透明:

大量经过加工的材料都具有很好的光泽,如:华丽、高贵、光泽的大理石、花岗岩,明洁、透亮的有机玻璃,冷峻、光洁、优雅的金属使室内空间感扩大,同时映出光怪陆离的色调;具有透明与半透明的玻璃、丝绸等材料可以使环境空间开敞神秘。

4. 材料取向

人类对事物的认识包括两个层面,即对外在表象和内在本质规律的认识。把这一观点引入到对装饰材料的运用中,则可理解为设

>> 感悟材料——现代室内设计中的装饰材料

计师不仅要关注饰材表层的肌理、色调、质地、性能，而且要深入体味材料自身所拥有的内在品质特性，挖掘其承载的人文属性。

在当代设计追求新奇与视觉效果的潮流中，从材料中去寻找设计的价值取向是许多设计师努力尝试并付诸实践的。材料的合理搭配、艺术实用，富有个性，是室内材料运用的一个基本原则。

材料中的地域性及民族特色呈现：

在现代材料运用上，如何运用本土材料和先进的工艺来表现本民族风格和地方特色，满足现代人的生活、休闲、娱乐空间场所的审美要求，是现代设计师值得深思的一个问题。

体现东方情调的设计，注重清静、朴素，追求自然安谧的情调，其装饰材料运用注重材料的自然本色，能体现出传统和民族的特色。

在一些中式室内装修中，材料特性被充分挖掘，从材料及家具的设计中我们能体味到中国传统文化的深厚意蕴。中国传统装饰材料和手法的合理运用，体现了传统与创新的相结合，突出传统的特色和乡土气息。藻井、斗拱、梁柱、精美的藤编、织物、质朴的青砖，这些富有本土民族特色的装饰用材，传递出一种深厚的文化内涵，给人一种自然、古朴、写意的视觉和触觉美感，呈现出一种独特的民族风格。青砖，这种最具地域性的材料，作为室内墙体的装饰局部，给人以怀旧的清洁，透露出传统建筑文化的内涵。当代，大量自然、生态的材料应用体现了设计师对自然的关注，对生态环境的关注。

深入挖掘材料的表现力

面对日新月异的装饰材料，如何挖掘材料的表现力，将材料的自然美感真实地表露出来，彰显其朴素的质感与肌理，正是设计师努力希望获取的。

现代人们的精神需求是多方位、多层次的。人们希望在室内空间中感受到高技术、工业化、前卫的时尚力度，同时又希望能够放松被绷得紧紧的神经，获得人和人之间的情感交流以及满足对自然的回归需求。因此，在室内空间采用玻璃、金属、石材等硬质材料的同时，应注意在休息区域、个体空间中尽可能多采用木材、织物、塑料等柔性材料，柔化空间环境，满足人们心理的多重需求。

现代室内公共空间设计，材料多采用玻璃、金属材料、石材、木材的组合，体现出公共空间理性、严谨、高效、有序的属性特征。装饰主材一般以二三种为主，强调整体视觉效果，材料的泛用，往往会造成对空间整体效果的破坏，在施工中需要保障主材纹理、色泽的统一。对大量使用的不锈钢、玻璃、金属板材需要进行亚光处理，·避免眩光产生的视觉污染。

体现我国传统哲学观中的"天人合一"、"人景对话"等理念；强调材料的自然属性、真实感、亲切感，这些在崇尚自然、追求朴素、田野式的室内设计中有充分体现。例如：钢板锈迹斑驳的材质表层肌理是自然界留下的雕琢痕迹，记述着时光的流失，运用材料的这种易变性，可给人以时间流逝感和真实感，传达出一种材料"生长"的信息。

如何顺应材料本来的面目，发挥材料的本色，挖掘简便易得的材料，使其材质美感合理运用于设计中，在此方面，国外设计师发挥材料美的创造性设计值得我们学习和借鉴。对于德国的设计，我们总是有种特殊的偏爱，这种偏爱源自对其简约、严谨的细节设计，还有其依据材料的特性，表现出的材料美感和品质的艺术化设计。

此外，国内装饰材料质量的参差不齐，材料生产工艺的落后，相关专业化施工技术人员的缺乏也是制约装饰材料表现力的一个瓶颈。

悟语

材料的应用取向：

节能、环保：

长期以来，装饰材料中的有害物质和成分对人的健康造成的危害一直为人们所忽视，如：化工塑料材料产生的有害气体、矿石棉制品及石材的放射性、玻璃纤维引起的呼吸疾病。高科技工业化的飞速发展和人们生活质量提高，人的价值观和审美观也随之变化。强调健康、环保、生态的设计新理念，宣告了以牺牲健康换取视觉美感的室内装饰设计时期的结束。

人们对环境保护意识的增强，可持续建筑材料、环保材料的应用，打破了传统材料的格局，在大力倡导节约、合理利用自然资源、构建人与自然和谐共荣的时代发展主题下，绿色、环保、生态的选材理念已成为现代室内设计的主导。因此，设计师在选材时顺应这一时代主题，减少对环境污染、破坏，选用环保、再生型装饰材料。

"因材适用"：

选用的装饰材料要因人而宜、因材适用，设计师对材料的选用应综合考虑建筑结构、区域与地区环境的不同，考虑不同文化、职业、年龄、不同价值观念等因素，本着就近、创新的原则，尽量选择当地的饰材，降低材料损耗和成本。设计师须避免在材料设计中存在的一些误区，如：不分装饰空间的主次，不分相应室内界面装饰的部位，大量选用高贵材质，错误地把高档装饰设计等同于高档材料的堆砌，装饰材料与空间效果的不协调，使贵重装饰材料堆砌出的室内空间缺乏美感和品位。

绿色、生态、安全性：

现代装饰设计是为了提高人们在室内居住、工作、娱乐、休闲等生活活动的质量，一系列科技含量较高的绿色、生态、环保的新型装饰材料，使材料的发展已走上可持续性和协调性，现代室内装饰设计倡导人工环境与自然环境的融合，倡导尽量利用无污染、可再生的"绿色材料"。材料的选择必须强调其安全性，装修材料必须满足国家防火规范要求。通常硬质材料必须是不燃的，软织材料必须是难燃的。

三、室内设计中的几种主要装饰材料应用

材料自身的特性，材料质地的视觉美感，材料中承载的各种人文、地域因素，是设计师在运用现代装饰材料时较为关注的问题。现代装饰材料倾向于展现材料质地美和形态美，表层装饰材料多采用科技含量高、耐腐蚀、抗撞击力、抗压力、环保型的装饰材料。当然，对材料的合理应用，基于设计师对各种材料的性能、属性及表现力的了解和认识。设计师在充分表达材料表面肌理的同时，应善于利用现代材料营造富有秩序感、韵律感、节奏感的空间效果，体现出材料的力学特性、肌理特征和精湛的材料加工工艺。

感悟材料——现代室内设计中的装饰材料

木质材料：

木质材料是最早用于室内的一种装饰材料，木材以天然的自然纹理、柔和温暖的视觉与触觉、良好的弹性与韧性为装修必用之材，成为设计师最为钟情的一种材料。相比于现代人造材料，如玻璃，金属，塑料等，木质材料的天然气息、环保，给人的感受是温和、质朴和亲切。木材常用于局部墙面以及休息、洽谈、接待、办公等区域的地面材料，和天然石材形成对比，刚柔相济(图3)。

如今，木质材料已从手工生产预制件，发展成为工厂全自动生产的构件，这些构件以大块木板和模数的形成生产出来，在工程及性能方面非常先进，同时，大量木质合成板材料的出现，不仅弥补木质材料的缺陷，从结构上改善了木制材料的易变形、易燃的弱点，而且节约了大量木材资源。

石材：

用于室内空间的石材有天然石材和人造石材之分，天然石材因其坚固、耐久、装饰效果丰富等优点而成为室内空间最为常用的饰材，天然石材具有高贵典雅的装饰质地，细密坚实，色泽美丽自然，坚实耐用，经常作为铺地材料及局部的墙面装饰。随着现代石料加工技术的发展，针对天然石材因重大、运输损耗大、特别是部分石材存在的放射性物质等缺点，人造石材以其质轻、经济、性能可靠、设计性强等优势日益受到青睐。由于人造石材质地坚硬、图案丰富、规格多样，特别是陶瓷地砖，自然逼真，各项性能指标超过天然石材，所以被广泛用于室内铺地材料。

在室内装饰设计中，大面积的石材地铺及立面装饰多用于大型公共室内空间中，设计中同一空间中的石材种类的选用宜少不宜多，可利用同一石材不同的

图3

悟语

  肌理组合设计，获取统一中的变化。选材中，一方面要考虑石材在色泽、纹理、质感上的大致调和；另一方面要依据空间的属性、功能及环境的使用、人群心理等因素合理地选材。此外，应尽量就地取材，降低材料的损耗及运输成本。

  近年来，在一些室内公共空间，特别是家居空间设计中，表层质感粗糙、肌理自然的一些石材广泛用于立面饰材，受到提倡生态、崇尚自然的设计师们的厚爱。这类就地取材石材因其粗犷质朴的外型，天然的质感，表达了人们亲和自然、回归自然的心理而成为一种表现人文精神及地域性特质的重要材料。这类装饰用的石材多为砂岩板、玄石以及卵石等。

  玻璃：

  玻璃是最古老的建筑材料之一。在中世纪的建筑中，玻璃被广泛应用到教堂等大型的建筑之中，运用其自身的特性，再加之艺术家的彩绘，使建筑内部达到一种特殊的艺术效果。

  玻璃材料的透明、反射等物理性能使玻璃表面具有丰富而微妙的表情。玻璃发展到今天，在种类、特性上均有很大的选择空间，近几十年来，随着建筑技术和玻璃技术的发展，玻璃在室内空间中被广泛应用，利用玻璃对光线、噪声的控制，以及采用不同种类的装饰安全玻璃（如：磨砂玻璃、彩色玻璃、中空玻璃、异形玻璃等），用于屏风、隔断、家具设计上，制造室内的通透感。利用磨砂玻璃、单面反射玻璃等材质，作为围合材料，易获得隔而不断的空间效果。

  设计师可以根据不同的场合、地域特点来进行设计。例如：在一些公共室内空间，隐框玻璃幕墙构造方式不仅把室外的光线、景色引入室内空间，也将室外建筑的钢结构和材料融入室内，为室内增加硬朗的气质。室内外交融的空间处处透出沉静与雅致的感觉。在居室中玻璃的运用可给房间增添似隔非隔的趣味。贝聿铭设计的卢浮宫新美术馆的玻璃金字塔就是隐框玻璃幕墙构造方式的典型案例，它既体现了建筑的多功能性，同时可以极大地发挥设计师的想像来体现建筑的精髓。

  金属、塑料、涂料：

  不锈钢、铜、铝等金属材料具有色泽突出、表面光洁、防水、防火、耐擦伤、反射率高等特点，多运用在吊顶、门面、包柱、柜台以及家具上等，表现出时尚且不乏力度的工业化特征。不锈钢材料明亮光滑的金属质感，常常令空间呈现另一种形态，增加了科技感的含量，给人以心理的舒畅感。结合材料的特性，设计师如何独具匠心地利用艺术的加工赋予材料美观是十分重要的。

  在现代装饰行业中以树脂为基本材料或基本材料的复合塑料饰材，以其质轻、隔热、保温、易加工、耐腐蚀、耐磨、抗污染、色泽性好等优点被广泛应用在室内设计中。

  涂料以其价廉质优、方便施工、多样的色彩满足各种不同需求，广泛应用于室内墙面、顶棚的装饰，可以有更多的色彩选择。

  混凝土：

  混凝土是一种整体建筑材料，有着良好的耐久性，并且与钢材料很容易粘结，具有很高的承载力，上世纪 50 年代，混凝土已成为一种用途广泛的建筑饰材，混凝土饰材的可塑性，良好的材料性能，成为室内装饰材料中的一种主材，一般用于室内设计的混凝土

>>> 感悟材料——现代室内设计中的装饰材料

图4

饰材包括以下五大类：清水混凝土、预制混凝土、加工石面板、清水混凝土砌块和水混砂板料。在展现混凝土直率而粗犷的品质，把混凝土作为艺术载体应用到室内外立面中，在此方面，柯布西耶做了大量实践。室内混凝土材料与其他饰材的组合运用，很容易获得素雅的效果，此外，相同成分的混凝土表面经过不同的处理，呈现出表面肌理、质感也各不相同，这也扩展了混凝土作为室内表面饰材的表现力(图4)。

第 **3** 章

吾语

- 鲍杰军
- 崔冬晖
  赵 冰
- 车 飞
- 马怡西
- 邱晓葵

吾语

穿透文化的内核——
"天下无砖"下的瓷片设计新思维

>>> 鲍杰军

● 中国建筑卫生陶瓷协会副会长
● 景德镇陶瓷学院客座教授
● 佛山欧神诺陶瓷有限公司董事长

穿透文化的内核 ——"天下无砖"下的瓷片设计新思维

瓷片是釉面内墙砖的俗称。作为一种装修材料，瓷片一般使用在厨房、卫生间、过道等室内墙面。其防水、防油、防老化、杀菌等性能方面较之其他材料具有难以比拟的优势；在装饰效果方面，除具有各种陶瓷釉面的表现力和装饰效果外，还可以人为施加创作和设计，并通过规格尺寸的变化，赋予瓷片空间于艺术及文化的内涵。这也是石材等天然装修材料所不及的，所以瓷片作为装修材料具有很强的生命力和广泛的用途。

与当代新兴行业有些类似，瓷片市场的迅速发展，也是基于市场上短期内供给与需求之间的不平衡所造成的，因此，行业内诸多企业基本上都曾走过一条"粗放式"的、以生产规模为侧重点的经营发展道路，而产品的研发与设计，则处于相对弱势的状态。

20纪80年代末到90年代中期，我国社会开始进入一个思想邅变的时期。与西方进入后现代主义时期相似的是，我国各种思想理论陷入到一种狂热当中。国内外各种思想流派纷纷成为流行，并"各领风骚三五年"，这在极大地拓宽人们审美视野的同时，也培养了人们对产品设计的更高要求。

市场对产品设计内在需求的推动，加之行业技术、设备等其他因素的发展，造成行业进入门槛的大幅降低，加剧了整个行业的市场竞争，使生产企业终于把第一关注力开始投向产品的研发与设计。

从最初的单色瓷片到传统的单块瓷片图案设计，至目前为止，现代瓷片设计大致经历了三个阶段：一是以花片、腰线、上下砖为构件的"点、线、面"设计模式；二是平面一体化的设计模式；三是空间一体化的设计模式。

一、瓷片设计的"点、线、面"模式

很长一段时间以来，瓷片设计受到意大利和西班牙等建陶发达国家的影响，基本上停留在借鉴和模仿的层面上。客观地讲，现在瓷片产品的设计思维，尽管有所发展变化，但基本上还是围绕着"点、线、面"在展开。只不过，简约派在室内装饰设计中占据主导地位，人们比较喜欢简洁明快的格调。设计师通常在面砖部分不考虑太多的因素，主要是保持色调上的清雅就可以。例如：纯白色、米黄色等就容易受到市场的认可和接受，至今未衰。到现在为止，仍有不少厂家的产品设计师们在进行产品设计时，仍把主要精力放在腰线及花片的设计上，这也促进了腰线、花片在表达形式等方面的极大丰富。

面砖部分，除颜色方面外，设计师们也着手在纹理方面有所突破，开始进行各种天然材质纹理的仿制，例如仿木、仿石等；在过去，整个墙面可能只是一种花色，现在就有可能是一个"花"两种色，即同样一个画面有两种深浅不同的颜色。这样，人们既可以只选择一种颜色，也可以两种颜色互相搭配，对于这种同"花"不同色的现象，市场上称之为上、下砖。表现形式上，开始从平面化向凹凸感发展。这里所说的"凹凸感"指的是瓷片产品外观表现上的立体化。初始时期的瓷片，无论是腰线还是花片，都采用的是平面釉，做出来的产品效果，图案与背景是在同一个层面上，就像我们所看见的绘画作品，是在一个平整面上的，用手触摸上去是没有立体凹凸感觉的。现在的瓷片则可以根据图案表达效果的需求，自由进行多种形式的立体化，其表现效果类似浮雕，例如欧神诺陶瓷在2003年推出的"街头小曲"系列（图1和图2）。

吾语

■ "街头小曲"系列部分装饰效果(图1)   ■ "街头小曲"系列部分装饰效果(图2)

　　腰线与花片的凹凸化，使景观、植物、画作等设计师对产品的主体表现思想所精心挑选的表达元素，均可以立体地凸现在人们的面前，使腰线和花片的设计上了新台阶，装饰效果也达到了一个崭新的水平。

　　这个时期的发展，主要是集中在产品的表达形式和图案变化方面，其本质上并没有发生什么变化。但在花片部分，设计师们开始突破单一图案在花片上的应用，进行连续性图案在瓷砖上的应用，使消费者可以拼出"一面故事墙"来。随之而来的又出现墙地一体化的"地爬墙"设计，逐步形成了考虑整体效果的设计趋势。

　　二、平面一体化的设计模式

　　近两年，平面一体化开始打破了"点、线、面"传统的模式，即在产品设计时，花片、腰线等不再是那样的呆板，不再是一提及设计，首先就想到花片怎么怎么样，腰线怎么怎么样，难道离了腰线就不成其为设计了吗？消费者需要的是什么？不单是花片、腰线，更是这些元素所最终形成的空间效果。如果这些空间元素所形成的效果，不能打动消费者，那么消费者要这些又有何用？

　　所以欧神诺陶瓷有限公司在进行"夏日系列"产品设计的时候，就首先强调从整体的角度出发来考虑问题。消费者需要的是整面墙的效果，而不是单个的花片或者是腰线的效果，当然，他们可能会给整个效果增色，但却不能因为这种外在的"形式"而拘束了设计思维。

　　结果，我们设计出来的这个系列产品，就不存在什么腰线、花片之说，花片即是腰线，腰线也是花片。我们的设计师庞雪明小姐从国画领域找到了一个表现点：荷花，"出污泥而不染，濯清莲而不妖"。荷花自古以来，就深受国人喜爱，尤其是传统型知识分子，她也经常成为历代画家笔下的表达元素。她在表达形式上也借鉴了国画的绘画技法，通过几片花瓣、莲藕、水珠，以连贯的方式形成了

穿透文化的内核 —— "天下无砖"下的瓷片设计新思维

■ 夏日香气（图3）

■ 夏日荷塘（图4）

一个整体上的动感，取得了极为良好的效果（图3和图4）。

这种形式下的产品设计，已经在思想上开始了传统形式、框架下的一种无意识突破。

三、平面一体化模式的发展——平面效果的三维化和立体化

市场竞争的发展，促使瓷片设计不得不认真审视瓷片对于消费者的功用。瓷片产品设计越来越认识到"空间"的重要性，消费者不是只装修一面墙，其他的墙面也是需要装修的，它们之间的效果、它们之间的关系，也是需要考虑的。

2005年，欧神诺陶瓷推出了一款系列产品，叫做"智慧果"系列，它的设计师是鲁扬（图5和图6）。鲁扬先生学的是建筑设计和室内设计，或许是专业的缘故，他在进行产品设计的时候，就不像平面或者美术出身的设计师们，总是更多地从平面视觉的角度来考虑问题，他的着眼点一开始就站在了平面之外，在他的眼里，这是一个"三维"的平面。

这个系列的设计思想创作源点是受到了西方创世纪神话的启发，即亚当和夏娃受到蛇的诱惑，偷吃了失乐园里的智慧之果，人类从此开启了智慧的泥封，也同时进入了悲欢离合的万世轮回。设计师从这里面进行选择与提炼，不是希望消费者通过图案来了解一个故事，不是直白式的旁述，而是找到它的一个点，一个具有代表性的东西。这个点，就是那个被吃的苹果。

可以说这个故事里面，这个被吃的苹果的意义，一点也不亚于砸中牛顿脑袋的那个。所以在这种情况下，花片、腰线、上下砖的形式，不适用了；连续性的画面表达，也不适用。它已经成了一个抽象化的点，是需要人们去进行思考的，是需要人们自己来为它增添情感成分的。

但倘若仅仅是平面性的表达，人们又怎么能够理解和体会到设计师的思想呢？恐怕人们只会认为它不过是一个平平无奇的苹果罢了，甚至还可能会因此而否认它的设计。

■ "智慧果"系列绿色瓷片（图5）

■ "智慧果"系列绿色瓷片（图6）

我们的设计师把这个空间不是看作独立的、几个平面的构成，而是把它看作一个整体，一个三维体。色彩和表现形式都是在为这个三维墙面体服务的。

从上述我们不难看出，瓷片的设计正逐渐由原来的框架式构成开始向平面效果关注的转变，又由平面效果的关注开始转向了空间化平面效果的关注。

然而，此时的空间关注，很大程度是单一瓷片在空间上的表现效果。

吾语

四、"天下无砖"下的空间一体化设计模式

"天下无砖"是欧神诺公司在2005年年初的时候，所提出来的一个概念。它是对欧神诺公司"时装化"经营战略理念的一个延续与发展。

"天下无砖"以空间、元素、服务为基本构成，强调产品设计以空间为出发点，在产品设计之初，就要考虑到它的具体实际应用空间的需求。在这一前提之下，表达元素是元素，表达形式是元素，色彩是元素，图案是元素，就是瓷片本身，也不过是其中的元素之一而已。

"天下无砖"，重在一个"无"字。对于生产企业来讲，它讲求的是打破传统意义下的终极产品概念，即花片也罢，面砖也罢，这些既是生产厂家的最终产品，又不是最终产品，说它是最终产品，是因为企业向终端所提供的的确就是这些实实在在、看的见摸得着的产品；说它不是，是因为消费者所需要的并不仅仅是这些具像的物，他们还需要使用了这些物之后所能达到的效果。

对于经销环节，如是；

对于设计师们，亦复如是。

1.研发模式上的新思维：真正意义上的艺术设计

艺术、艺术设计、商业设计，三者之间是有所区别的。

艺术是艺术家个人的事情，是艺术家自身对社会现象等方面的个人情感体验的一种宣泄和反映。它或许是非常前卫的，也可能在当时不为世人所接受，例如梵高，在生前是没有什么名气的，"千秋万世名，寂寞身后事"。他的作品被人们所认可、接受，被奉为稀世之作，已经是他过世以后的事情了。

商业设计的前提是当前市场的接受，如果市场不能够接受，那么该设计就不能算是成功的。

瓷片属于商品，所以，企业通常会把瓷片设计界定为商业设计，这种思维没有错。只不过这种形式下的设计，在设计工作未开展之前，就已经有了一个限制存在，那就是市场需要什么。先确定了需要，然后设计师再根据这个"需要"，选择表达元素以及表达形式。这是目前最为普遍的方式，也是风险相对来说最小的方式。

如前所述，现在消费者有时候自己都不清楚自己需要的是什么，但却清楚眼前的这些产品并不是十分适合自己。因为这些产品缺少那么一点打动的东西。

那么消费者是怎样被打动的呢？我们知道。艺术家在进行创作的时候，是不去揣摩大家是怎么想这个问题的，而是完全依靠他自己的想法和认为，可是，我们在看到他们作品的时候会被打动，会开心，会悲伤，会郁闷。

这是因为艺术家采用了合适的表达方法，表达了一个有深度的内涵，表达出了一个大家心里面都共同认可的东西，也就是说，它在视觉和精神方面，是双重满足式的。而商业设计是一条腿的，它能让视觉方面有所满足，但在精神方面总是有所不足，这是一种先天性的存在。

穿透文化的内核 ——"天下无砖"下的瓷片设计新思维

我们认为,产品的设计不一定非得是商业设计,它也可以是艺术设计。即在商业规则和艺术规则之间,寻求一个平衡点,通过艺术家的视野,来弥补产品设计精神层面上的缺陷。

鉴于此,2005年的时候,我们尝试着进行一次突破。我们的这种构想得到了我国著名波普艺术家、画家王野夫先生的赞同。在经过彼此的沟通与了解之后,双方开始合作,创作出了以探究现代都市文化内涵为产品灵魂之所在、以"奖励自己一个空间"为主题的系列空间产品即"都市温情"系列空间。

2.文化内涵上的新思维:为人居空间注入都市文化的内涵

自从商品定义的外延概念为人们所普遍接受之后,企业就已经开始了对产品附加价值的关注,这种关注主要表现在为产品所附加的精神层面上,例如称之为当前流行的代表等。

我国室内装修效果的变化,在20世纪80年代到90年代中后期,与其说是受文化的影响,倒毋宁说是受经济发展的变化多些。90年代中期以后,则是受经济发展所形成的新的文化影响多些。

进入21世纪的我国,可以说是步入了一个城市化进程与都市化进程并行存在的历史时期。

如果说城市化的进程,是人们从"农民"开始变成"城乡结合"的"边缘人",那么,都市化进程则是让人们开始从"边缘人"变向真正的"市民"。

"农民"有着"农民"的价值取向,有着他们所遵循的超越价值;"边缘人"有着"边缘人"的价值取向,有着他们所遵循的超越价值。这种内在的超越价值决定着他们的思想行为、价值取向以及社会文化认同。因之,人们在20世纪80年代的时候非常接受星级酒店式的装修风格,以把自己的个人空间装修效果向公共空间的宾馆、酒店看齐为荣;而在90年代初期的时候,又能够非常容忍整个空间的所谓"中西合璧"。

风暴过后,必然沉静。90年代中期以后,人们即已开始对社会文化的反思,我国传统文化再次得到认可,并开始流行。

与西方的文艺复兴一样,这时人们所开始遵循的传统文化,也并不是翻出祖宗的甲衣,重新披挂。此时的传统文化,已经开始添加了新的时代元素,成为了所谓的新东方文化。

尽管跨入了新的世纪,但并不代表人们的思想也跟着跨入了一个新的门槛。尽管人们的思想认识确实有了根本性的转变,但仍是需要一个过程。

城市化进程形成了人们思想文化上的裂变,受各种因素的影响,不同地域人们的文化观、价值观以及社会认同等仍有比较大的差异,但都市化进程下所形成的都市文化,最终成为风标与潮流,是势不可逆的。

都市文化更大程度上关注于都市环境下的人与人之间、人与环境之间的关系。现在的产品设计已经注意到了这个问题的存在,并努力朝着这个方向去探求。例如四十岁左右的中年人,他们虽然也经历了思想风暴的洗礼,但早期传统文化教育所培养的审美情趣,却并不会完全因之而改变。他们在选择瓷片上，就会比较偏向简单写意的表达方式。欧神诺陶瓷在2005年推出的"夏日系列"，设计师就是从国画中提炼表达元素，在制作工艺方面也充分参考借鉴国画的绘画技巧，设计出来的产品非常有特点，自上市至今，一直深受欢迎。

这种形式的设计，在目前是最普遍的，但它是不是最适合当前文化发展的设计形式呢？如果是，为什么仍有大量的消费者在面对如此琳琅满目的选择时，感到无物可选呢？

这个问题，应该说是所有处于良性发展的、有一定实力基础的、对产品研发设计比较重视的生产企业，都深为关注的。为此我们并没有把它当成自身的一个问题来看待。不把一个问题当成自身企业的问题来看待，就不会把解决问题的全部希望放在企业内部，而是会开放视野，去寻找任何有利于该问题解决的途径。

最能体现当前文化内涵的是什么？艺术、影视、娱乐、绘画、雕塑等等，无一不是对当前文化的反映和体现。艺术品之所以能够引起人们的共鸣和反响，不正是因为它们传达了欣赏者内心潜在隐藏的东西吗？艺术品是艺术家根据人们的具象的、明确的需求制作的吗？显然不是，艺术品是艺术家个人、自身对社会现象、客观环境的观察和理解而来的，艺术品是艺术家个人情感体验的反映。

产品设计和艺术创作是存在区别的，但两者之间也有着共同之处。

产品设计其实就是商品化了的"艺术创作"。

之所以有相当多的人在面对如此多选择仍然感到不满足，是因为产品打动他的力度还不够，还缺乏那么一点能够触动他们内心的东西。

"都市温情"系列空间的设想初衷，正是出于拨动人们心中的那根弦（图7）。

3. 设计风格与形式上的新思维：重其实而轻其表

流派，是一种形式；形式，有时也是一种束缚。

说"都市温情"系列空间产品设计采用的是波普设计，倒不如说它采用的是波普设计的精髓更为准确些。如前述"天下无砖"所言，产品设计的表达形式，也不过是设计师手中的一颗棋子，它既不是框架，更不是约束。只要是与所要表达的目的相吻合，又何必拘泥于形式呢？

之所以说波普设计，是因为我们在进行产品表达的时候，其行为方式和波普设计的初衷极为相似，那就是，不受限制，广为所用。

被冠以"波普艺术家"的人所进行的创作有一个共同的特征，就是以流行的商业文化形象和都市生活中的日常之物为题材，采用的创作手法也往往反映出工业化和商业化的时代特征。

[不是在大空间，就是在小空间，可不一定就在我们想要的空间。]
See in mirror in fact oneself of being not see now, but is see that oneself of in the mind

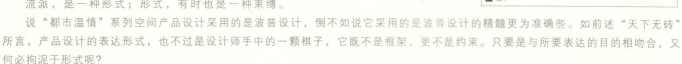
图7

穿透文化的内核 ——"天下无砖"下的瓷片设计新思维

早期的波普设计,片面地追求形式上的新颖,以至于成为了形式主义的设计风潮,但是它却引起了设计界对设计本身的思考。波普设计的思维方式对现在,也就是后现代主义时期各种设计流派都有着比较大的影响。

我国设计界虽然在文化大革命时期就开始出现波普风格,但应该说,我国在步入城市化进程之后,才真正具备了波普设计存在与发展的土壤。

4.产品概念上的系统性新思维:三维空间向多维空间的递进

现在,空间概念已多为人所提及,但这个所谓的"空间",基本上还是建筑本身所已经形成的、固有的"三维空间",就室内装饰而言,这个空间仍是平面性质的。我们知道,一个完整的空间,是多维的,是需要其他配套性的产品共同组合搭配起来的。

按照目前流行的设计思维,瓷片就是企业的最终产品,至于其他,就可以不用理会了。

欧神诺陶瓷提出"天下无砖",之所以称其为"系统解决之道",其中这个"系统",所指的就是多维化的、有配饰产品存在的一个完整的空间。

所以,在这一指导思想下,所设计创作的"都市温情"系列空间,就不会只是单纯的瓷片,而是以瓷片为主体、配套性产品为辅的一个成套性的系列空间产品。

需要强调的是,它是系列空间产品,而不是通常所说的系列产品。

年轻人享受生活,中年人品味生活,老年人感悟生活。

一如初衷,"都市温情"系列空间只是以客观平和的态度,讲述着自己对都市文化的一种感悟。

从空间使用者与生活的关系角度出发,"都市温情"系列空间分成了四个基本系列空间:人生感悟的"光影",爱与回忆的"深蓝",朝气,活力与激情的"吸管"、品味成功的"闪金"。

单从视觉表现形式来讲,"都市温情"系列空间的特点也是非常明显的:

(1)颜色与肌理的突破。"都市温情"系列分别采用了黑、红、白(光影系列)、深蓝(深蓝系列)、银灰、橙黄、翠绿(吸管系列)以及金黄(闪金系列)来作为产品的主色调。(图8~图11)其中对部分颜色,例如黑色、金黄色等的大面积使用,都直接挑战着目前室内装饰用色的常规用法。产品肌理方面,"都市温情"系列空间产品所表达的效果,都是采用纯手工的方式来进行的。在这个大工业化的时代,在这个由机器所制作的整齐划一的时代,纯手工的表达方式,直接昭示着人性的回归与对接。

(2)简约而传神的花片。"都市温情"系列产品的花片部分,其图案不论表达的意思还是表达的方式,均是独一无二的。图案是根据王野夫先生的作品演化而来的,表现方式也是借鉴王野夫先生的独特绘画技法。不仅如此,"都市温情"系列空间的四款空间产品在花片上的内容也是完全不同的,深蓝系列的花片图案选用的是"镜前走过的女人",主要考虑到它在卫浴空间的应用;而闪金系列的花片图案则选用的是"不用操心的女人",我们的考虑是厨房作为女性天下的时候要多些,现在的女性已经不全是相夫教子型的了,她们也往往一道共同拼搏,待得两人事业小有所成时,再转而退居二线,这个时候对于她们来讲,不用再操心了恐怕就是最幸福的一件事了。

如果花片的功能仅仅是装饰效果,那"都市温情"系列空间的花片或不为奇,而事实上,它的花片已经完全超越了这一基本功能,可以在潜移默化中让消费者真切感知到该空间产品的应用内涵。

吾语

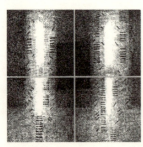

"光影系列"黑色瓷砖效果(图8)

"深蓝系列"花片效果(图9)

"吸管系列"部分瓷砖效果(图10)

"闪金系列"花片效果(图11)

（3）延伸风格的空间配饰。建陶产品所构建的空间，只能说是为该空间形成了一个大的基调。众所周知，一个空间的氛围，基调与点缀从来都是相互的。空间里配饰物件的得当，除直接起着画龙点睛的妙用外，更起着放大空间特殊效果的重大功用。"都市温情"系列空间，除提供瓷片这一主体产品外，还提供了例如花插、咖啡具、毛巾、马桶、拖鞋，甚至还有特为该空间效果而制作的油画、挂画等配套性产品。这些产品不论是外在形式还是视觉效果方面，都与主体产品所形成的空间氛围与格调，形成了一种延续和放大。例如咖啡具，我们不是简单地从市场上随便找一些现成的产品，进行一下简单地"配套"，而是请王野夫先生进行重新设计。所以我们"都市温情"系列空间所提供的咖啡具，不论在外观造型还是视觉图案表达上，都是独一无二的。不仅是咖啡具，其他产品也都具有同样的特点(图12)。

5.工艺技术层面的新思维：通过技术途径主动承担环保与社会责任

2004年发生的SARS，使人们对自身的健康预防观念提升到了一个新的高度。在追求视觉审美效果的同时，人们也非常关注它的健康环保功能。这就涉及了瓷片设计在工艺技术方面的发展与变化。

过去人们看待瓷片，只要铺上去平整、色差可以接受，就算是可以了。后来人们开始关注瓷片的防滑、抗污功能。对于年龄偏大的人，安全有没有问题；铺在卫生间，洗浴完后，地面有积水，会不会滑倒人；贴在厨房，每天烟熏火燎，脏了方不方便清洁打理。

目前也就仅此而已。

但空间氛围很明显是不局限于视觉上的。它应该是包含有味觉方面、感官方面的多重综合体。空间里的空气会不会太过干燥？二手烟的问题？倘若其他家居材料选择不当，存在有害气体的释放等问题，怎么办？

这些问题不是说现在没有解决的办法，但是作为空间效果形成的基本元素之一，瓷片难道就不能有所作为，就只能自扫门前雪，莫管他人瓦上霜，冷眼旁观？

显然，这是任何一家有社会责任感的企业都不会做的事情。

好的瓷片设计，是不应该在这方面有所缺陷的。

负离子技术与瓷片设计的结合，就充分考虑了这一点。负离子的功能众多，这里不做一一赘述。家电行业虽然在负离子技术方面已

>> 穿透文化的内核 ——"天下无砖"下的瓷片设计新思维

经发展成熟，但并不意味着建陶行业就可以完全照搬，这是因为两者的工作原理不相同。家电的负离子释放功能是通过高压电激所形成的电晕来释放负离子的，建陶产品则是通过在产品表面添加能够释放负离子的特殊矿物质（电气石）来实现负离子释放功能的。

尽管负离子技术在建陶领域刚刚兴起，但它的健康环保功能的确是以往瓷片所不具备的。现代社会文化意识形态下的产品设计，必然要求产品在视觉及工艺方面的双适应。"都市温情"系列空间就是典型的例子，它在设计之初，就充分考虑到了这一点。

图12

五、结语

经济催生文化，文化影响设计。放眼当今，都市化的进程已势不可逆地成为了现代社会的发展主流，都市化进程所带来的都市文化也早已弥漫在我们的周围，并水银泄地般地渗透到我们的生活方式、情感体验等领域，而都市文化的超越价值缺失，已令人担忧地形成都市精神生活的断层，如何在充斥着焦虑、迷乱与烦懑的都市生活空间中注入清新而亲近的都市文化内涵，将是提高现代人居环境质素的首要命题。

正是在这样的时代与文化大背景下，建陶行业的产品思维面临着更高层次的挑战，而最有效的途径，应当是以产品设计思维的转变为契机，在洞察当前社会文化内涵的前提下，敏锐把握建陶市场的终端消费趋势，不断破旧立新、开拓视野，创造新的客户价值，挖掘并引导新的消费需求。有鉴于此，欧神诺陶瓷极具前瞻性地提出了"天下无砖"这一系统解决之道，而"都市温情"系列正是"天下无砖"这一指导思想的应用案例典范，它不仅颠覆了具有传统局限性的产品定义，而且在业界开创了一种真正意义上的以"艺术生活化消费"为核心的设计思维。尽管这种思维目前尚处于萌芽阶段，但这种革命性的突破对行业所形成的冲击会是震撼性的，其深远影响也将不可估量。

吾语

浅析中式餐厅中材料与室内设计的关系

》》崔冬晖

- 中央工艺美术学院学士
- 东京艺术大学硕士
- 中央美术学院建筑学院室内设计教研室主任

》》赵 冰

- 中央工艺美术学院学士
- 北京市住宅设计研究院室内设计部主任

浅析中式餐厅中材料与室内设计的关系

室内设计是一个新兴的行业,但其存在时间已经很长了。室内是建筑的一部分,是建筑的延伸。一般好的建筑都有一个和谐的室内。如同建筑一样,室内设计也有其构成的要素,如空间、材料、陈设、照明等,这些因素构成了一个完整的室内空间,为人们提供不同类型的服务,是人们生活中的一个重要组成部分,其中材料的运用在室内设计中起着相当重要的作用。室内界面的基本构成就是材料,其中,视觉形象构成主要是色彩,触觉表面的构成是肌理,这些要素在人们心理上发挥不同作用,为人们带来不同的感受,满足人们不同的心理和生理要求,从而产生了丰富多彩的室内设计。

设计是为人服务的,任何一个设计都只能符合某一部分或某一种人的心理状况,而人类的心理变化是复杂多变的,所以设计具有群体意识,一种设计作品能够与相应的群体产生共鸣,形成一个时尚,这就是风格。就设计本身讲,本无好坏之分,其群体概念的不同决定了判断设计的依据。材料本身也是这样,就材料本身而论并没有审美上的本质区别,是人们的群体意识赋予了材料像人类个性一样复杂的性质。材料的分类方法很多,以形成方式可以分为:天然材料和人工材料。材料就其使用领域的不同也有不同的分类方法,但是作为室内设计的装修材料,主要靠材料及做法的质感、造型及颜色三方面因素构成,也即常说的建筑物饰面的三要素,这也可以说是对装饰材料的基本要求。

一、材料表面的质感

任何饰面材料及其做法都将以不同的质地感觉表现出来。例如,结实或松软、细致或粗糙等。坚硬而表面光滑的材料如花岗石、大理石表现出严肃、有力量、整洁之感。富有弹性而松软的材料如地毯及纺织品则给人以柔顺、温暖、舒适之感。同种材料不同做法也可以取得不同的质感效果,如粗犷的骨料外露混凝土和光面混凝土墙面呈现出迥然不同的质感。

饰面的质感效果还与具体建筑物的体型、体量、立面风格等方面密切相关。粗犷质感的饰面材料及做法用于体量小、立面造型比较纤细的建筑物就不一定合适,而用于体量比较大的建筑物效果就好些。另外,外墙装饰主要看远效果,材料的质感相对粗些也是无妨的。而室内装饰多数是在近距离内观察,甚至可能与人的身体直接接触,通常采用较为细腻质感的材料。较大的空间如公共设施的大厅、影剧院、会堂、会议厅等的内墙适当采用较大线条及质感粗细变化的材料有好的装饰效果。室内地面因使用上的需要通常不考虑凹凸质感及线型变化,但陶瓷锦砖、水磨石、拼花木地板和其他软地面虽然表面光滑平整,却也可利用颜色及花纹的变化表现出独特的质感。

二、材料外在的颜色

装饰材料的颜色丰富多彩,特别是涂料一类饰面材料。改变建筑物的颜色通常要比改变其质感和造型容易得多。因此,颜色是构成各种材料装饰效果的一个重要因素。不同的颜色会给人以不同的感受,利用这个特点,可以使建筑物分别表现出质朴或华丽、温暖或凉爽,向后退缩或向前逼近等不同的效果,同时这种感受还受着使用环境的影响。例如,青灰色调在炎热气候的环境中显得凉爽、安静,但如在寒冷地区则会显得阴冷压抑。

三、材料构成的形态

在室内设计中,材料不是单独存在的,材质是依附于形态的,没有材料的形态就没有材料的单独存在。材料与材料形态的密不可分就像一个事物的两面性,材料与其构成的形态有相融性,也有对抗性。但大多数的设计形态都是运用材料的特长特性,使之发挥其材料的本质特征,但也不乏有逆向设计形态。例如:金属、玻璃、石材等特性。

上述三种要素给人们带来不同的心理感受,这也是材料在室内设计中所要表达的目的。

作为建筑的室内,首先要满足功能的需要,而材料的运用与室内功能有着重要的联系,室内材料符合功能需要,功能决定室内材料。一个成功的室内材料运用,首先是建立在材料与功能关系协调基础之上的。性质不同的室内,有着不同的使用功能,相同性质的室内也有不同的室内功能,其室内的时间、空间、文化等因素,造成了材料使用的千变万化,变化的规律就是材料运用要符合功能。在设计中式餐厅"沸腾鱼乡"中,材料的功能作用是首先考虑的。"沸腾鱼乡"餐厅是一个新派川菜餐厅,餐厅主要经营水煮鱼等招牌菜,在京城川菜餐馆中人气颇高,其特点是人流量大,餐厅面积并不十分开敞,主营菜品食用油较多。在设计的选材上尽量选用坚固、耐用、不易污染、易清洁的装饰材料作为其客流主要接触到的界面材料,满足功能上的使用。在地面的设计中,设计师选用"国产济南青"(黑色花岗岩)烧毛板作为其地面的主要装饰材料,"济南青"花岗岩其材质较硬,在黑色地面材料中不易渗透、易清洁,将其光板烧毛,增加了它的摩擦系数,使之在公共走廊部分使用起来更加安全。"川流不息"川菜餐厅设计中,由于造价等因素,地面材料选用黑色板岩,其应用性质与"沸腾鱼乡"地面设计理论相同。在空间分割上,"沸腾鱼乡"墙面实体隔间表面采用海藻泥刮沙处理手法。海藻泥在隔断墙上的应用,使墙的表面更加坚固,其粗糙的表面加强了抗污染的效能,因此墙面采用海藻泥涂料符合其空间人流量大、易损坏的特点(图1和图2)。

半开放空间采用玻璃隔断装饰材料。玻璃半开放隔断,在功能使用上是一种坚固易清洁材料,在空间中能够起到分隔的作用,其晶莹光亮的性质增加了隔断自身的品质,钢化后的玻璃在空间使用中,增加了其坚硬度和安全性,但其透明的特点,对于空间的分

■ "沸腾鱼乡"入口设计方案(图1)

■ "川流不息"走道设计(图2)

浅析中式餐厅中材料与室内设计的关系

■ "沸腾鱼乡"隔断设计方案(图3)　　■ "沸腾鱼乡"用餐区设计方案(图5)　　■ "沸腾鱼乡"用餐区设计方案(图6)

■ "沸腾鱼乡"隔断设计方案(图4)

隔具有私密性差的因素,因此在使用玻璃隔断的同时,在双层玻璃中加进褶皱的轻纱,在隔断空间中,使视线不能很好的穿过玻璃,再配合顶面向下的光源,让光线时隐时现,从功能上解决了私密的问题。因此材料在空间功能上的使用是运用材料的某一种或几种属性,当这种属性不能尽其满足功能要求时,便可以配合其他材料,共同达到功能要求的某种目的,使之为室内空间功能服务。切记不要堆砌材料,繁琐的材料品种会造成不必要的浪费,使空间更加凌乱(图3和图4)。

室内设计材料构成也是影响人们心理变化的重要手段。根据室内为人服务的设计目的,一切构成要素都应以人的生理与心理作为设计的依据,其中材料和质感与色彩直接刺激人们的感觉,使人们产生各种心理反映,营造一种室内气氛,更加易于人们在室内的行为。心理变化产生大多是由于人们的生活习惯与一般经历造成的,具有地域性和时间性的双重性。不同的材料给人们的心理感受也不尽相同。随着时代的发展,新材料不断产生,而人们对于这些新材料的感受是依据类比性质决定的,这种新型材料类似于我们以前所见到的某种材料,那么它的性质,将与这种材料相联系,如果这种材料具有几种以上的材料性质,那么人们对它的心理感受,就是这几种性质的层加(当然以一种为主)。在"沸腾鱼乡"的入口设计中,设计采用了墙面黑金砂磨光花岗岩造型和不锈钢管、钢丝构成水景入口。"沸腾鱼乡"入口空间狭小高耸,于是在改造中为了加强入口这种隐秘的气氛,在设计中运用了通高的黑金砂磨光墙面,直插入顶,镜面不锈钢金属管与金属丝粗细搭配、拉接、相互交错穿插,与黑色花岗石相互反射,在黑金砂石材墙面前形成一组抽象的立体图形,构成一个现代竖琴的概念,给人一种向上的神秘纵深感,烘托出入口的氛围,再配合滴落的水声和主通道的重点照明,使人们有一种向内窥视全貌的心理取向,达到入口吸引客人入内的目的,取得了良好的视觉效果(图5和图6)。

吾语

装饰材料的运用,还可以缓解人们的心理感受,在"沸腾鱼乡"的包间走道设计中,由于其空间小,再加上改造中央空调的限制,走道高度不足,造成很不舒适的压抑感受,于是,在走道吊顶材料的选择上,利用黑色背漆玻璃的反射特点,使空间双倍叠高,缓解人们低空间行走的压力。用黑色背漆玻璃吊顶的方式,既达到了使空间不至反射过强、明亮刺眼,又达到了镜面反射加高心理空间的效果,可见材料的运用可对人们在室内空间中的心理产生影响。

材料对室内设计的风格也起着重要的作用,室内设计伴随着建筑的出现而产生,它与人类一起经历了从原始到现在的全过程,也将一直伴随我们发展下去。早期室内设计的演变与建筑的发展有着密切的关系,随着时代的发展,室内设计的发展速度越来越快,已超越了建筑的发展速度,有脱离建筑独立发展的趋势,新材料新工艺的应用在室内设计中更为方便、快捷。室内设计的历史也经历了古典主义、现代主义、后现代主义的全过程,其室内风格不断变化(所谓风格就是指室内设计的艺术特点,也就是形式美),其主要取决于室内设计的艺术思想,表现在室内设计的各种方面,其材料的发展和运用是至关重要的,材料与技术的发明推动了室内设计的发展,而室内设计的发展同样为新材料、新工艺的发明注入活力。在古典主义时期,人们改造自然的能力有限,所以天然材料是设计的重要选择,人们对设计的形式主要体现对天然材料的描摹加工。石材与木材的广泛应用,奠定了东西方建筑室内的不同基础,中国传统的木雕与西方古典的雕塑在室内设计中扮演着非常重要的角色,人们的审美情趣主要体现在对具体形态的认识感受上,这主要是由于人们对具体形态易识别性造成的。随着材料工艺的迅猛发展,钢筋、混凝土结构代替了石和木结构。钢框架混凝土、玻璃、镜面石材已经有了自己的技术应用空间,于是一场人类思维观念的革命——现代主义产生了。从埃菲尔铁塔到包豪斯设计体系的形成,形式符合功能的概念深入人心,一切建筑与室内设计都是非常简洁的线条,清晰的轮廓,还有单纯的色彩不加任何

■ "沸腾鱼乡"设计方案(图7)

>> 浅析中式餐厅中材料与室内设计的关系

■ "沸腾鱼乡"设计方案(图8)

矫饰（图7和图8）。

用玻璃、镜面大理石、家具等装饰材料来分割空间，为我们提出了一个崭新的观念。工业化的材料与结构使设计更加冷酷，越来越远离人性，国际主义的室内设计，完全不安排任何装饰，黑白两色的色彩设计，单调的几何形态，体现出减少主义的动机，丰富的材料世界被钢筋、玻璃、混凝土所统治，形式与材料的贫乏使人们厌倦了"冰冷"的生活，忽视人性的材料运用为人带来精神的悲哀。随着"普鲁迪·艾戈"住宅一声轰鸣，后现代主义产生了。从本质来说，现代主义或者国际主义设计的内核是几乎没有可能完全抛弃的。现代主义设计采用新的工业材料，讲究造价低廉的经济目的，强调功能的基本要素，虽然在国际主义设计发展中受到一些挫折，但是，基本的原则没有受到动摇，现代主义设计的高度非人格化、高度理性化的特点，对于国际交往日益频繁的商业社会来说更加具有容易吻合的特点，从不变应万变的中立、中性特点，是国际经济发展中的最好设计方式。现代主义、国际主义设计之后的任何运动，基本都是对它们的修正，而不是简单的推翻和否定。后现代主义作为一个一度先声夺人的设计运动，各种大理石与镜面不锈钢，鲜艳的色彩使用，将石材、金属、雕刻交织在一起，构成现代的材料和空间。虽然大量运用装饰主义来达到光彩夺目的绚丽效果，但是，这个设计运动的核心内容，依然是现代主义、国际主义设计的架构，只不过在建筑外表或者产品的外表加上一层装饰主义的外壳。这个设计在后现代主义设计中具有重要的地位。作为中国当代设计，由于没有走过现代主义的过程，对后现代主义的认识又出现了各种偏差，这就需要我们在现代设计风格的基础上，认真学习古代文化遗产，不仅仅是古典的园林和建筑室内，更重要的是中国五千年的文化内涵，把这种精神凌驾于现代建筑室外之上,这样才能设计出真正的东方后现代主义作品。

吾语

在设计"沸腾鱼乡"和"川流不息"两个川菜中餐厅中，我们尝试了运用解构主义阐述中式风格。解构主义是现代主义之后，把许多存在的现代和传统的建筑因素重新构建，利用更加宽容的、自由的、多元的方式来构建新的理论构架，它是个人的、非中心的、非同一化的、破碎的、模糊的。在"川流不息"包间与大厅的隔断处理上，我们选用了直径0.5~1.2cm粗细不等的不锈钢金属管相互交错焊接，运用直线构架组合形成一种新的立体模式。焊接金属管配合地灯光照，显现出的光泽与反射相互作用，使材质、形态与解构风格的关系一体化。在金属构架隔断中，两侧采用玻璃相夹，用长型广告钉相连，玻璃这种材料的性质让整个隔断更加晶莹剔透，好像是放在一个水晶长柜中展示的现代构成艺术品，使结构元素起到了更好的展示效果（图9）。

在"川流不息"入口景观设计中，我们依然沿用了解构的设计思路，试图营造中式川菜餐厅氛围。在材料和形式的选择上，也采用了一些解构的手法，整个景观用金属构架作为背景，构架由1.5cm×1.5cm方型钢管横排焊接而成，上涂深灰色漆，钢管排列下直上曲，直通到顶，顶上采用裸露天花黑色喷涂，配合深灰色方管构架，使风格相统一，在裸露顶棚上由一线向下呈不规则放射状排列直径1cm镜面不锈钢管。灯光照射，犹如一道金光撒播下来。背景中既有规则的排架秩序，又有交错的金属线条，灰漆方管与不锈钢相互穿插形成一组非常有韵律的网架。在网架背景前，设计采用了一块太湖石的前景，由金属管架支撑，太湖石的曲线褶皱，与网架直线构成形成鲜明的反差，轻盈的构架衬托石头的体块质感，再配合竹筒、水槽、碎石，使整个景观相映成趣（图10）。

包间外墙的装饰，设计依旧运用解构风格，用粗细不同的方型钢管相错焊接成通顶装饰屏风，再由方型外块圈边，规矩外型，屏风通体采用中式大红色漆，下配白色石子，通顶上方为黑色裸露顶棚，黑红相应，提炼出中国传统漆器的黑红光鲜色彩，再配合解构的设计风格，利用材质的色彩重新构成中式风格，给人们无限的想像空间。在设计中，材料的解构与形态的解构相融合，中式元素的打碎重组、再构成、再重组，为中式风格现代设计提供新的思路。

脱离建筑的现代室内设计，其材料的应用在设计中的冲突性，越发明显。几种材料组合的矛盾呈现出来，材料的使用种类越多，就越难使之协调，材料与材料之间关系的冲突性，主要体现在材料的性质色彩、质感和形态的冲突上。每种材料本身都各具有不同的性质，使每种材料都能够搭配得当，除了一些本身形式美的法则之外，还要应用许多其他因素，来协调材料组合之间的关系。不同的装饰材料对室内空间环境会产生不同的影响，材质的扩大缩小感、冷暖感、进退感，给空间带来宽松、空旷、亲切、舒适、祥和的不同感受，在不同功能的建筑环境设计中，装饰材料质感的组合设计应与空间环境的功能性设计、职能性设计、目的性设计等多重设计结合起来考虑。装饰材料的组合对环境整体效果的作用不容忽视，要根据空间的功能、艺术气氛、业主的年龄喜好等来选择组合不同的材料。在室内空间设

■ "川流不息"包间外墙设计(图9)

■ "川流不息"入口景观设计(图10)

浅析中式餐厅中材料与室内设计的关系

计中,从界面到家具、从隔断到陈设,应当是各种材质简约与丰富、质感与品味、实用与个性的相互照应、有机组合。在越来越强调个性化设计的今天,装饰材料的组合将成为室内设计中空间材质运用的新课题。

光是协调室内材料的首要因素,光是色的先决条件,有光才有色,光又分自然光和人造光两种。自然光在室内设计中主要指阳光,阳光为我们人类生存创造首要条件,也在室内设计中发挥着重要作用。以阳光做设计的很多,其中室内采光在室内设计中应用较为广泛。在中庭的设计中,玻璃天顶是其设计的一个明显标志。玻璃天顶的使用除了采光以外,其光影还可以丰富室内材料的表现力。一般在中庭中所做的室内设计,在设计时材料选用非常简洁、色彩单一,无多余的修饰。这些光影变化的虚形丰富室内材料的实体,以虚为实,正是中国传统思维的体现。材料的运用与光影的关系亦是相互作用的。除了阳光之外,室内更多的使用人造光,即灯光。灯光和阳光一样也具有丰富室内材料的使用功能。在设计"川流不息"的背景墙时,我们把改造前废弃拆除的大量木条错落排列在墙上,配合灯光的照射,使墙面呈现出丰富变化的效果。但灯光更多的是起到柔化空间材料的作用,灯光一般是有色光,灯光的颜色种类很多,室内设计材料在室内色光环境照明下,其材料被色光改变其本身的色彩性质,呈现出来一种中合的色彩状态,材料的色彩冲突将被减弱,室内材料的关系将会变得和谐、统一。再配以重点照明,丰富室内光线的变化,以营造设计者追求的室内气氛。灯光的运用一般与灯具的材质、造型不可分,在"川流不息"餐厅中,前台的正上方,构架一个由50mm钢管排列组合而成的灯具,灯具端头选择性的点光与大红色的长钢管相组合,形成既有照明性,又有空间装饰感的灯具。光把室内材料的色彩和形态结合在一起,为我们提供了一个和谐的生活空间(图11)。

■ "川流不息" 就餐区(图11)

其次,能够协调室内材料关系的因素还有绿化。植物是人类生活的保障,是有生命的载体,在室内其他构成中最易与我们进行沟通,与我们生活关系密切。现代社会中人们的生活节奏加快,越来越远离自然,在城市人们生活工作环境中需要植物来为我们进行精神调节。室内设计中的材料构成多以几何形体为主。几何形的线、面、体的关系是我们长期以来对自然动态的归纳和总结。材料构成的这些几何形式,无法满足人们丰富的心理需求。植物的有机形态是协调室内材料几何形态之间关系的最佳途径。丰富而不可预知的有机形态,与简洁单一的几何体形成了鲜明的对比,有机形与几何形的反复叠用,使室内构成变得更加丰富、可亲。绿化是丰富室内空间的最简单途径。有机形态除了植物外还有水、天然石块等一系列的天然产物。这些有机形态良好应用都能起到协调室内材料构成的作用,许多设计中都应用了这些协调因素而获得了成功。绿化可以协调空间内各种材料因素和装饰因素的空间构成。室内绿化景观设计既丰富了室内材料构成而又不影响室内空间功能性的设计目的,达到生动空间的目的。

协调室内材料构成关系的还有室内陈设,室内陈设包括艺术陈设和家具陈设,陈设在室内的作用是中心作用,无论是艺术陈设还是家具陈设都将会成为人们的视觉焦点,以室内陈设的品味与风格决定着整个室内空间的档次与风格。由于陈设视觉中心作用,影响了人们观察事物的注意力,注意力的精神分散必将导致材料之间的对比关系。所以恰当的室内陈设既能丰富室内材料的构成,也能分散人们注意力,协调室内材料的对比。当然,在使用陈设时也应得当,滥用陈设手段,将会造成更大的负面效果。

上述的这些室内设计中的材料与室内设计的关系是一个有机的整体,相互穿插渗透,不是独立存在的。应用好室内设计中的材料是室内设计的先决条件。

吾语

修级砖 ——装修建筑学

>>> 车飞

● 德国包豪斯大学博士生
● IDA 建筑工作室负责人

超级砖——装修建筑学

一、现代性

1853年伊莱沙·格雷夫斯·奥蒂斯（Elisha Graves otis）发明了载人电梯。在19世纪下半叶，在新技术（主要是钢框架结构技术的革新）、城市地产分区制以及天时的巧遇中，现代高层建筑最早在美国的芝加哥和纽约诞生了。其创始人有威廉·勒巴伦·詹尼（William Le Barom Jenney）、路易斯·沙利文（Louis Sullivan）、约翰·韦尔伯恩·鲁特（John Wellborn Root）、丹尼尔·伯纳姆（Daniel Burnham）和其他芝加哥学派的建筑师们。他们的设计讲求功能的倾向。其主因是作为商业与经济的产物的高层建筑，实际上是工程居于首位的。在此之后，受法兰西学院派影响，试图通过历史样式寻找美学上的方法，即折衷主义时期直到20世纪30年代美国经济大萧条为止。

从二战开始，来自欧洲的建筑师勒·柯布西耶（Le Corbusier）、密斯·凡·德罗（Mies Van der Rohe）和瓦尔特·格罗皮乌斯（Walter Gropius）等和以后的SOM发展起了现代主义建筑，他们以革命的姿态反对将建筑与历史相关联的任何可能性，并且将建筑视为一门独立的学科，试图摆脱经验主义的设计方法，去寻找科学的建筑设计方法和研究理论。二战之后美国社会从工业时代转变为消费时代，以大都会城市纽约为代表的消费时代城市迅速异化了原来的工业城市或"古典现代城市"。

而实际上这一趋势早在20年代的纽约就已经开始。在这之后"国际式"建筑出现了，诺尔伯格·舒尔茨（Norberg Schulz）在1974年将其特征总结为："简单的立方体形状，包在玻璃、抹灰或类似材料的轻薄外皮中的统一容积，并且没有装饰细部。""形式服从功能"（Form from Function）的表现材料、结构和经济性原则的国际式风格一时成为全世界的偶像。

从建筑形式上这种国际式的高层建筑在城市中形成了一个又一个单独的"方盒子"，它是由可供出租楼层的经济性、建筑结构，以及内外墙体关系的功能确定形成的。

而在建筑形式的背后，"国际式"成了发达资本主义经济的象征。纽约下曼哈顿区的世贸双塔，以及整个曼哈顿岛的天迹线成为了美好的现代化城市生活的代名词。早期柯布对现代主义所寄予的那种对社会、对城市生活革命的理想在战后迅速被消费资本所消解、异化。现代主义的理想社会被理想生活所替换。而当现代主义运动丧失了其革命动力之后，早期现代主义提倡的那种对材料和结构表达的真诚转变成了一种虚伪，即对一种风格的追求，更确切地说是对理想生活的象征性的在意识形态上的追求。也可将其称之为帝国主义意识形态在建筑中的一种体现。

吾语

1903年德国社会学家乔治·齐美尔（Georg Simmel）在他的著作《大都市与精神生活》（The Metropolis and Mental life）中有一段关于"现代大都市个体主观性"(Subjectivity of the modern Metropolitan individual)的重要描述。他对来自于现代大都市存在连续不断的鼓舞发出了质问："谁的神经死亡了？"，他发展了关于"无动于衷的个体"的想法。

齐美尔写道："心理学的基础（The psychological foundation）在大都市个体性之上被建立起，由于迅速而持续不断地来自于内部和外部的激励，因而它（指心理学的基础）增强了人们的感情生活，这样大都市的类型自然地呈现出成千上万种个体的修饰，即创造出一个自我保护的器官组织（organ），对于那种深刻的分裂和外部社会环境的不断变动及其不连续性所带来的威胁做出了自我保护。"代替了那种出于情感的反应，大都市类型首要的是以一个理智的方法做出反应，这种出于理智的方法经过意识的增强轮流地引起它所创造的那种精神上的优势。其转变成的"无动于衷"，既是一种产品，也是对现代城市繁忙节奏的一种防御措施。同时这种理智化的存在的样态可以用来和经济资本的事实真相进行比较。引用齐美尔的一句话"金钱经济与智能的权势（知识分子的权势）处于相互间最近的关系之中。"

显然它们组合成一个整体，一种理智化的态度下的在资本自我不断离间过程中的城市形态的现代性，一个支配性审美和经济资本的相结合的现代性。

二、现代性之后的后消费时代

在20世纪80年代一位英国建筑经济学家发现："在近35年中，建筑物的构成发生了重大变化……，我们现在需要把建筑物的构成分为4项，底座、服务设施、框架和围护，其中底座占造价的比重和过去类似，在12.5%左右，机电服务设施上升为35%并继续上升，基本结构从19世纪的80%降至现在的20%，这种趋势必然要反映在建筑形象上。"

20世纪60年代中后期的欧洲再一次爆发了理论上的革命。

1966年10月在美国赫普斯金大学举行的结构主义哲学大会上，法国的青年哲学家德里达提出了与大会主题结构主义完全相反的观点，他认为世界的背后不存在可以把握的实质，所谓结构也只是一个个例或乌托邦，自此一种后现代的解构主义观念流行开来。

在我们称之为后现代时期的城市中，我们现在所能看到的建筑从理论上主要分为两种，后现代主义与晚期现代主义或新现代主义。詹克斯（Jencks）在1988年将其解释为："后现代主义者明确宣称，他们的建筑植根于场所和历史……并且他们找回建筑表现力的全部技能：装饰、象征性、幽默感，以及城市环境……依靠现代的结构方法和历史的记忆，雅俗共赏，（他们的）建筑物是双重译码的……

晚期现代主义的建筑师们与此相反，轻视所有的历史形象，除其最近祖先的。他们专注于建筑的持久的抽象性作用——空间、几何性及光线——并一般地完全拒绝讨论风格问题……代之以将建筑视为应由协作解决的一系列技术问题……或几何学的组织上的抽象命题。"

其实现实中的城市是以上两者以及城市历史的混杂：城市从社会的角度，正走向地区化和动态化；从技术的角度，是非物质化（dematerialisation）的要素越来越取代过去常规的物质手段的作用。而许多先锋建筑师则力图用非物质化的形象表现建筑。

超级砖——装修建筑学

理查德·罗杰斯（Richard Rogers）曾指出：建筑学不再是体量和体积的问题，而是要用轻型结构，以及叠置的透明层，使构造成为非物质化。

在当代，城市和建筑不可避免的巨型化，与此同时，城市内部空间则不可避免的碎化，城市由原来的以街道为骨架，以宫殿、广场或宗教建筑为中心，发展为以巨型建筑或高密度建筑组合的岛状区域。它们像一个个迷你城市。而连接这些岛屿的是各种快速便捷的交通工具，城市的各种功能迅速地向某些点状空间集中。一个有趣的例子是地铁，它把乘客送到不同的地点，而在运动期间的空间则可以被理解为是空白，以一种跳跃式的方式呈现空间的位移。

纽约的曼哈顿（Manhattan）提供了这样一个平台，无差别的空间，众多的可能性。

在纽约的曼哈顿岛上，在作为历史连续性的现代性的背后，我们现在看到的是非连续性的一面，各种各样的碎块、片段、偶发性的突发事件，它们以这样或那样的方式呈现。

那些偶发的非连续性、那些无秩序的、那些碎裂的碎片与片段分布在其与周边空间联系的边界上，以及这种联系所带给内部的深刻裂痕中，分布在一个封闭系统在不得不开放的边界上以及由此带来的惊讶、无奈、恐惶、狂喜、震惊、焦燥……。这些敏感的地带，人们期待着偶然性的在过程中的快感，在这些强秩序之间的缝隙中，非连续性的片段中，旧秩序的边界上，城市以偶发事件为呈现方式正发生着激变。

2001年9月11日发生在美国纽约市下曼哈顿区的"911恐怖事件"成为了激变中城市的一个最极端的情节。由此迫使人们不得不去思考"后消费时代"城市的面貌问题。

当代的大都会城市已经不可能再形成柯布的"光辉城市"的紧锁式的结构，而应该是一种自由开阔的结构，倒更像是一部中国的章回体小说。在曼哈顿，城市是人的聚积，也理当是为人人所分享，而那种高层高密度所体现出的永恒性、纪念性都可能与城市的性格而格格不入，与城市居民的愿望相背。人们需要重新赋予其开放性而不是那种外表的纪念性之下的封闭。即，那种——即时的、新鲜的、流行的才符合城市的性格和城市居民的愿望。

今天，经济的全球化，对于资本和资本主义我们已经难以察觉。资本以各种形式渗透到了我们所能接触的所有领域。

雷姆·库哈斯（Rem koolhaas）在哈佛大学指导的二年研究生课题"购物与大都会城市的关系研究中"，(《Harvard design school guide to shopping》)称购物已经把城市生活殖民化，甚至代替了城市生活的各个角落，市中心、郊区、街道、机场、火车站、学校、医院、博物馆都被机械化地赋于购物的外表。并讲到："现在，公共群体谋求购物，结果产生了定论，它构成了可能惟一的去感受城市的模式。"

随着美国经济率先向知识经济转型，以及全球范围的互联网使用的迅速普及。城市、城市生活及城市中的人们本身都已经开始发生了深刻的变化，似乎异化已经不可避免。库哈斯以其敏锐的直觉以某种方式切入到新的城市形态的内部，并以购物为切入点，分析购物如何在空间、人、技术、思维和发明中重新塑造城市，试图去建立一种新的城市设计方法。

吾语

三、建筑学的困惑

意大利著名建筑理论家曼弗雷多·塔夫里（Mafredo tafuri）认为，现代建筑运动的发展史就是一场对历史的挑战史，而不是传统上的认为现代建筑运动的"反历史主义"也具有深刻的历史性。现代主义建筑的旗手，柯布是一位真正的乌托邦式的理想主义者，从早期未来主义的巴黎规划到1930年前后完全空想的布宜诺斯艾利斯规划、圣保罗规划、阿尔及尔海滨城市规划。在柯布的建筑规划中把单体的建筑理解为政治经济学上的资本在流通领域制造出的产品，并伴随着资本在整个社会的运作而不断开拓，因而在这些不断向外拓展的匀质空间的规划设计中，柯布从不关心城市的文脉或其规划外的空间与规划内的建筑形式和结构的关系。联想到柯布为巴黎制定的"光辉城市"方案，决意拆掉巴黎老城的相当面积以实施其计划时，也就是不为奇怪了。

柯布以一种反历史的革命姿态试图通过建筑学谛造一个革命意识形态的新型社会的乌托邦，然而二战以前的资本主义社会已经意识到其社会和经济内部不可调和的矛盾性，并最终放弃了去解决它的勇气（即对全新城市的建设），选择了调合妥协的姿态。它一方面继承了现代主义运动的激进表象，同时却将表象之下革命意识形态消解。这就造就了柯布成为了建筑史上的著名的救世军、殉道者或异教徒。相反来自德国的密斯对时代精神的表达，和他对意识形态的冷漠，使其迅速为战后资本在城市建筑中的规模生产找到了审美依据，一顶历史的连续性的光环加到了密斯的头上。"密斯完美地综合了哥特建筑的高度和古典的平衡！"——美国人惊呼到。进而在建筑批评中发展出了操作性批评（operatve critique）这一概念。这种批评是对建筑和艺术的分析，其目标不是抽象的探讨，而是在它的结构中预先确定创作方向的"计划"，即通过对历史的重新梳理来体现预设的目标。它以一种工具论的实用主义，将历史组织在某种自律性的历史连续性之下。这种方法促使了理论批评与设计本身相对应，使历史与设计相结合。

对此塔夫里则明确指出，操作性批评的危险性在于它往往过于屈从于设计而无法揭示隐含在设计中的结构与内涵。此外，它在使历史走向现实化的过程中，常常使历史转向神话，从而与真实的历史相抵触，丢失了历史的意义，使设计走向迷途。

因而当老一代建筑大师逐渐走入历史的60年代，新一代建筑师，在茫然中的试验性探索以及随之而来的建筑学上的危机感，从某种角度上讲，也是可以说是操作性批评所带来的。

四、新的时代精神——流行

这是一个什么样的时代呢？雅各·肯德（Yago conde）在他的《非确定性建筑学》（Architecture of the indeterminacy）一书中将其理解为："如同一个目标意义精确的悬浮着的确定状态。其结果来自于对其自身书写的诸多限定性的重新思考。"

在资本全球化的今天，建筑学处于困惑之中，它不断承受着来自社会、经济、种族、宗教等各方面的不断增大的压力，其自身内部作为工业时代历史连续性体现的古典现代主义早已在资本自我离间的过程中瓦解。而在此之后，无论是后现代主义、解构主义或新现代主义等也都只是一种针对设计的策略或权益之计。

什么是这个时代的现代性呢？"流行，如同建筑学，存在于生活瞬间的黑暗之中，它属于集体意识的梦想，现在，它终于被唤醒了。"奈尔·里奇（Neil leach）说。他将其称之为"墙纸人"（Wallpaper-person）（wallpaper 指同名生活风格杂志），即那种里文·德·肯特（Lieven de canter）所描述的"一种拓殖今天的胶囊状文明的生物"。在里奇的"美学的蚕茧"（The aesthetic cocoon）一文中，将这种生物描述为："愉快的寻求对现在的健忘，不断地去寻找那种最为瞬息即逝的满足，以及用自己唯美的景色来蒙蔽外部世界社会的诸多不平等。"

传统城市空间发生了深刻的分离，内部与外部的分离，结构与表皮的分离，功能与形式的分离，美学与价值的分离，现实与历史传统的分离。街道不再是街道，广场不再是广场，建筑不再是建筑，墙不再是墙，窗不再是窗，楼梯也不再是楼梯，所有的一切似乎都变成了附着流行意识的载体。

广告柱上的招贴，巨大的商业广告，露天的电子屏幕，无处不在的各种视觉媒体，电脑网络，不断地制造并传递着流行的信息。城市成为了某种装置、某种符号、某种信息、某种与结构分离后不断变化的表皮，即一种随时体现着流行的时装化的反建筑的城市形态。

在这个所谓的网络时代或后消费时代再或其他什么名称下，流行性正成为都市化城市的主题，大都市城市也应当像流行时装一样不仅表现在生活杂志和电视里，还应该展现于大街上、广场中，即城市生活人群所能触及的一切物质领域。这意味着城市建筑形态的流变效率必须极大地加快以体现大都会城市流行性所带来的内在时间性，即建筑必须适时地呈现出流行的样态，而建筑自身内部的自我则被极大地压缩至最小。流行——可以说它是我们这个时代的体制性产物，它是社会经济系统良好运转的动力，是关于我们的决定性力量。

五、资本全球扩张的副产品——多元文化

经济的全球化是资本的全球扩张的必然结果。而"流行性"正是这一资本扩张过程中的必然的经济策略，部分所谓的先锋建筑师以激进的理论与设计而闻名。然而其先锋的旗号却在自觉不自觉中已被资本所消费。不管建筑师自身的想法怎样，资本已将其先锋设计以整体的方式迅速转化为一种流行符号，消解其内部的形成机制，保留外部的新鲜形象，进而成为一个个流行的发起者或源泉，以满足资本不断增大的欲望的要求。

在资本全球扩张的过程中，出现了多元文化的观点。在前所未有的全球化经济浪潮中，仅仅以欧美文化为中心，显然是不适应这种全球化形势，资本需要以全球的宠大资源为背景。在这个基础上我们看到了现在呈现的所谓多元文化的表象。但在另一面，这种多元文化既是资本全球化过程中的一个策略，也是对全球范围内的文化资源的一种确实消费。为了易于资本的全球流通，资本迅速消费和容纳了不同文化，并将其符号化，将其内部的有效机制消解、吞食。可以说这种多元文化更多地反映是全球化资本为了便于其全球化流通而展示的一种意识形态上的假象。然而在其背后却是对文化差异的巨大漠视，其所到之处，就是各种文化的连根拨起，并在多元文化的旗帜下，迅速消解，进而转变成没有个性的、没有创造力的扁平化的"普通地区"。

它是现代主义国际式浪潮之后的又一次全球化浪潮，在前消费的工业时代人们消费廉价的工业产品，在后消费时代，人们消费廉价的文化产品。我们看到流行拥有着所有文化传统和历史的知识产权，但却不尊重它们。

六、反思

以流行性为代表的时代精神成为历史的连续性,使我们不得不对以历史连续性演变为主线的建筑史发生了疑惑?其方法的合理性与必要性?

雷姆·库哈斯在他的《小号、中号、大号、特大号》(S M X XL)一书的前言中将现代建筑的现状比喻为:"像是一个囚犯腿上拴着铅球,想要逃跑,就不得不摆脱这一负担,而他惟一能做的就是用其仅有的一把小勺在铅球上一条一条地慢慢地去刮。"

在书中,库哈斯称:"强行赋予的连续性,使得建筑师的工作变成或是涂脂抹粉或是一种自我审查的结果。"

社会的现实就是流行性,这种流行性以体制的方式似乎已经几乎统治了社会的所有领域,在后消费时代,技术的巨大进步,非但没能为人们带来更多的精神自由的空间,反倒比以往更加束缚了我们的灵魂,我们日以继夜地创造着巨大的财富,这些不断巨型化的财富使每个人都为之疯狂,使每个人都以为自己站在巅峰。

面对这无所不在的巨大力量,它呈现在从意识形态到生活细节的各个角落。我们生活在被克里斯朵夫·拉什(Christopher lasch)称之为"完全自恋"的年代里。

如果对经济学角度上的"时代精神"独尊,则很容易导致空置的意识形态自动地附着于这个"时代精神"之上,而导致其内部的迅速自反与惰化。

然而这种连续性又是我们不得不面对的,并且要切切实实置身于其中的。这里就存在着这样一个问题,知识是否具有地域性?从生命的普遍角度上讲,没有地域性,但从文化、历史或谱系学角度上讲,则有地域性。因而对物质的建筑的研究总是包含了两个方面:没有地域性的建筑学方面和有地域性的建筑史的方面,而它们之间的关系是并列的,并且是不能完全相对应的,而作为这两者共同作用下生成的物质的建筑则始终在这两者之间摇摆不定。库哈斯曾无奈地指出:"建筑因而最终被定义为一种混乱的奇遇式的冒险。"

七、建筑史与建筑学

16世纪的意大利人如布鲁内勒斯基(Brunelleschi)、阿尔拜蒂(Alberti)等的一系列建筑理论性文献开始了一种彼得·艾森曼、(Peter eisenman)称之为的"分类的理论"(Categorical theory),即:"他定义出场地、项目内容、公共建筑与私人建筑的状况、城市或乡村等不同场地的状况、高场地与低场地之间的区别等等。总之,都是和一系列的分类有关。"

到18世纪,在法国、英国、意大利又出现了一批明确归为建筑史学术性质的印刷品,如苏弗洛(J.G.Sorfflot)、勒鲁瓦(J.D.leroy)、斯图尔特(James Stuart)等。使得建筑史有了一个自己的表达方式,"文学式的文字叙述,精致的线描测绘图,艺术品般的连幅版画的混合物。"使得建筑学与同时代的其他新兴学科,如植物学、生物学、化学等成为了知识范畴内的学科俱乐部的一员。这样建筑学有了与其他学科交流的可能,并在潜在的同构性之下与不同类型的知识之间产生了横向的相互影响。

这种理论基本上是16世纪"分类理论"的深化,他们对古希腊罗马时代的建筑分出了不同的柱式,并进而用其界定了建筑的不同类型。

超级砖——装修建筑学

■ 图1

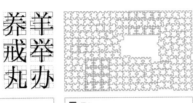
■ 图2

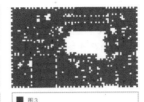
■ 图3

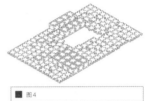
■ 图4

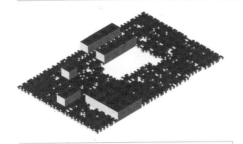
■ 图5

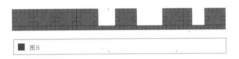
■ 图6

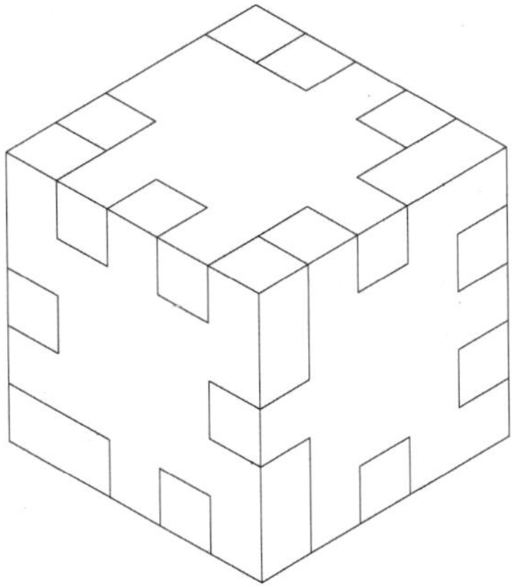

■ 图7

而后法国的资产阶级革命，首次出现了近现代的具有独立政治权力的"国家"的概念。国家首次代表资本的一方，因而国家专政的意识形态就要求有一个法规式的类型学，即一套法规化的模数体系。公众可以清晰地理解建筑在这套模数体系上的操作。这样，建筑理论也不仅服务于审美，而且也服务于国家的意识形态。同时工业革命为社会带来了种种新的功能——工厂、医院、公园、集合住宅、学校、监狱等等。自此，建筑理论分裂为针对审美与意识形态的建筑史研究和针对新功能的新式类型学研究的建筑学研究。

而在今天，在这个不确定的年代里，坚持对建筑研究进行如此的分类仍然是必要的。至少能澄清一些目标上的混乱。而我们如何面对建筑的历史主义和自主性（自律性）的两种倾向呢？也许我们不得不采取一个辩证的，批判式的或教诲式的策略。一边进行着对自主性的建设，一边以一种历史主义的态度对它批判、教诲。并时时提醒自己，两者之间随时相互异化的危险，既警惕前者的反科学倾向，又警惕后者的机械工具论倾向。

八、装修建筑学——流行体制下的建筑学

流行的经济体制，要求一种新类型学的出现，以完成城市中建筑在流行体制中的操作。

建筑怎样才能符合大都会城市中的即时的新鲜的流行特质呢？在流行的名义下，时髦成为了决定性力量，即那种主宰性的结构体系。

这既是一种经济上的要求，为资本的快速繁殖提供可能，也是一种意识形态上的要求，去展现当今时代的现代性，一种超新的繁荣的大都会形象。

这一切使得建筑不得不加快其使用或更替周期，时髦的新潮成为大都会建筑的主题，永久的、纪念性的则脱离开了人们的视线。

吾语

大都会城市迅速扁平化、符号化，其表皮的价值远远大于其自身内部的结构价值。这一表皮指的是脱离原有功能的，脱离其自身生成合理性的符号化产物，而不仅仅是指建筑结构上的内外部关系。那些大都市城市中的商业电子屏、广告牌、灯箱、临街橱窗以及各种展示性构筑物成为了城市中的主体。

总之，一切短期的、临时的、展览式的装置成为了发布和传递流行信念的主体。在这种情况下，传统的建筑学已经是力不从心了。而原来作为建筑工程中次要地位的装修工程，却出人意料首次出现在了城市建设的前台。现在对于当今的大都会城市已经很难再用原先的类型学方法进行分类了。我们无法分清城市的功能分区，甚至无法划分出某一建筑的具体功能；无法分清单体建筑与组群建筑的关系，无法分清公共空间与非公共空间的关系。总之，流行以体制的方式在资本的支持下将大都会城市的一切领域殖民化。

现在的大都市城市，似乎室内环境比室外环境重要，建筑装修比建筑主体重要，建筑的改造比新建建筑重要，临时展示比永久陈列重要。

原来的装修工程也就不再仅仅是对建筑表层的装饰工程了，它成为了体现大都会流行样态的对城市形象的不断的改装与修造。面对建筑学因自身无力而不可避免的衰落，装修工程或产业最终将要完成流行体制的新类型学需要，即装修将从装饰工程向装饰建筑学转变。不得不承担起原来建筑学对城市的双重义务。即对社会经济体制上的义务以及对社会意识形态上的义务；对建筑自主性的学科上的义务，以及对建筑历史与审美上的义务。

九、超级砖——次建筑实践

"超级砖"是在这一背景下所进行的一系列理论探索的一次建筑实践。

"超级砖"代表了一种"超越"。它既是对砖的传统功能的超越，也是对砖的传统意义的超越。六块不同形状的砖，由"养"，"羊"，"戒"，"举"，"丸"，"办"六个中国方块字的形式演化而来，如同汉字一样，砖的不同组合将会带来不同的含义和读法。"超级砖"完成了对自身的超越，它的组合成为了某种简单的建筑、材料在多维空间的起伏延展,也使得空间的形态与功能变得更加复杂（图1~图7）。

"超级砖"可以从多重方式被理解，在空间中的不同角色里处于十分模糊的状态。如同消费性交换中的表演空间，"超级砖"可以在不同文脉关系中扮演不同的角色，使得砖作为二维表皮的概念被极大地扩展开来。而原来砖的绝对固定的搭砌的生产或建造过程也几乎被这种近乎游戏的插接组合方式所彻底颠覆。砖的表皮在空间的消费中产生了厚度，在连续的多维演变中产生了一种模糊的"超空间"。常规的定义已经很难再界定这个空间：室内－室外？建筑－景观？材料－家具？装饰－构造（图8~图15）。

图8

图9

>> 超级砖——装修建筑学

关于"超级砖"的备注：
设计时间：2006年8月
设计地点：北京
设计者：车飞
建筑材料：混凝土/高强度石膏
展览名称：Architecture Biennial Beijing 2006 第二届北京建筑艺术双年展
展览地点：北京世纪坛
展览方式：装置
展览时间：2006年9月26日至2006年10月6日。
本装置赞助人：北京大学资源美术学院汉字艺术系

展览经过：
这个装置参加的是北京建筑艺术双年展的国际青年建筑师的邀请展。这个在世纪坛的展览的策展人是英国AA SCHOOL的尼尔－林奇（NEIL-LEACH）教授和清华大学的徐卫国教授。而这个装置在开幕式时也被用于做表演的舞台，而被布置在世纪坛的蓝石俱乐部里(开幕式表演在这里举行)。这些表演有建筑师设计的时装和舞蹈家费波的舞蹈表演等。在开幕式结束后，装置又被布置在世纪坛上与其他展品放在一起。这个装置连同台湾建筑师季铁男的"禾"和北京大学资源美术学院汉字艺术系的濮洌平教授的"汉字"等装置，构成了"汉字建筑"的系列装置。

图10 图11 图12
图13 图14 图15

吾语

行政中心与礼仪厅堂设计——两项工程截然不同的设计手法和材料运用所引发的思考

>> 马怡西

- 清华大学美术学院环境艺术设计系教授
- 中国建筑装饰协会专家组成员
- 中国室内设计学会理事
- 北京清尚环艺建筑设计院副院长 总建筑师

行政中心与礼仪厅堂设计
—— 两项工程截然不同的设计手法和材料运用所引发的思考

一直以来,一遇政府工程的设计,我们首先想到的是豪华、气派、庄重、严肃,把周恩来总理早先在困难时期提出的"在尽可能条件下美观",篡改成"在尽可能条件下高档"。因为我们认定,政府工程一定是有钱或有追加投资的能力,经常在定标方案后,至少可以再有百分之五十的价格增量空间。这一次,通过两项工程同时发生,我来到了政府工程的岔路口,走上了两条截然不同的路。这是遭遇,也是发现。

一、堂与室的分离

在中国礼制社会中,从"升堂入室"一词,我们可以看出:"堂"指的衔接人待物的地方,"室"指的是生活、闲适、休憩的地方。"堂"和"室"有的共在一个屋檐下,有的分前后左右院。一套院落,既是围绕一个官家所拥有的生活起居的私属大院,又是议事、行礼、办公的公馆大堂。公私不分、宜公宜私,庄园政治、层层递上,组成一个城市,一个国家的执政权力机构。清末民初时期的袁世凯、段祺瑞政府亦然,国民政府在南京、庐山、重庆的权力机构趋同。直到建国后的军政府,面临千头万绪、百废待兴的大量军政事务,生活变为次要因素,整个政权机关自然而然聚合在一起,形成不同的机关大院,"堂"与"室"才有了真正意义上的分离。接踵而来的是中央国家机关各大部委的兴建,政务和家务才有了更为明确的上班下班之别。

二、巡视国礼

中国传统的正式礼节,通常针对的是国家的君臣、父子、夫妻……总之是对国民的约束,而且是对森严等级制度的一次次强化。人们以"天下"为国家,自然也普遍并不理解一种现代观念中的、对等的外事礼节,针对外国人的称谓也多有贬损之意。当然,这种贬损也被划分成不同的等级,当"番人"不习国礼,则属"生番",是必须改造和可以侮辱的;当"番人"习我中华文化,则属"熟番",不仅不应被贬斥,还应被看作是受我中华文化熏陶的可造之才,随马戛尔尼使团来到中国的小斯当东竟然获得了乾隆帝的喜爱,就是绝好的例子。

马戛尔尼因拒绝在皇帝面前,根据宫廷礼仪、三叩九拜,遭致朝廷冷遇。从今天的外交原则看,马戛尔尼颇有外交家风范,而老年的乾隆及其宠臣,倒像在胡搅蛮缠了。

早先的利玛窦在谈到觐见皇帝时也曾抱怨中国政府可以长期与邻邦友好相处,但仍把来访的贵臣当成俘虏或囚犯来对待,而且绝不允许到处乱看……

马可波罗在游记中,描述元大都是如何壮丽、气宇轩昂,猜测大殿能容纳上千人宴会。但从字里行间不难看出,这位有争议的探险家、东西方文化交往的友好使者,并没有得到过皇帝正式的礼仪对待,关于国礼,只有打听、猜想、旁观、溜边儿的份儿。

明黄朝服、午门钟鼓、三跪九叩、韵乐升座、丹陛大乐、中和韵乐,均是装点万众之上的皇帝的朝会。这套完备的礼制大典,完全是民族内部、自下而上的、对皇帝个人歌功颂德的仪式。真正的国礼、对等交往、皇帝与外邦皇帝相遇,在中国从来也没有发生过。再者,再有身份的人,尽在朝廷办差人的处置下处于绝对下风的地位,毫无挺直腰板说话的机会。

吾语

民国时期，没有来过国家元首；新中国成立后，赫鲁晓夫、胡志明、金日成等，都神情紧张地来谈过意识形态问题，这时我们才有了初步的国际礼仪。

自尼克松起，"空军一号"专机频繁升降上海，再转国航飞机来北京，点燃了现代中华礼仪之邦交往的蓬勃热情。那时，只要来一个外国元首，整个北京乃至路经的城市都会组成几十里的欢迎队伍，夹道欢迎、欢声雷动、鼓乐喧天、载歌载舞。尤其是西哈努克的频繁来访，开启了中国城市装修的先河，所到之处，宾馆、工厂、学校、机场、火车站都粉饰一新，就连重庆那样破旧的酱油色房子也被刷成红海洋一片。过分的热情和礼仪之邦无经验可寻的标榜，使每一个中国人感到了国际交往之不易，感到了阵阵虚火旺盛之不宜。

改革开放了，国歌、礼炮、小范围群众的欢迎仪式渐成为规范的模式。那些自信而强势的元首、大亨，乘坐神话中的大鹏或飞毯，带着撒玛尔罕的金桃来到中国，顺便也带来了从简的礼仪。国人顿时悟出其中的道理，过分热情的礼仪搞得彼此都很累，从简是大势所趋。

三、行政中心与礼仪厅堂的剥离

礼仪之邦，沉睡百年。渐渐地，那些年白话文、简体字、普通话，已让我们养成了素面朝天、大路一条、各走一边，人与人之间大多数情况下的交往无装饰、无色彩。埋头工作、低头吃饭、抬头向阳。

现如今，顺着盛世中华的运气而升腾，生活好了、脑子活了、房子多了，也开始细分家底。住窄房子的时候，把一间间房子打通共用共享。房子住宽了，功能就越分越细，睡觉一间屋、写字一间屋、细软一间屋，连洗衣、烫衣也要分成两间屋。

城市里挤进来的人，比各朝历代都要多，高楼大厦林立，突破城市边沿线，放射开来，使我们天文数字的人口，在世界人民面前有了可看、可圈、可点的直观的视觉形象。

由此，在政府权力机构可控的有效管理范围内，行礼和办事，第一次以视觉形象的方式，被纳入视线范围，有了历史细分的可能。

如果我有钱，想暴富一下，以消费黄金的眼光来采购，那是一件容易的事，如果我偏要你用技术设计手段来花，用你一根一根的施工图线条来花，恐怕你就得认真对待、绞尽脑汁了。如果我没有钱，要清贫一生、布衣一世，那也是过得下去的。如果我硬要用你的一技之长，花很少的钱、办尽量多的事，蓝图上的线条有多简约，钱就花得多简约，并要博得周围四邻的赞叹和喝彩，看来也不是件容易的事。奇怪的是，这两件事情都让我遇到了。

四、行政中心对比礼仪厅堂

1. 行政中心

东西长104.5m，南北长135m，建筑檐高50.6m，框剪结构，大跨度钢结构顶，总建筑面积55014m²，容积率0.76。

2. 礼仪厅堂

东西长46.8m，南北长109m，建筑檐高14.85m，全钢结构，总建筑面积6352m²，装修面积6100m²，占地面积1330000m²，容积率0.047。

行政中心与礼仪厅堂设计
——两项工程截然不同的设计手法和材料运用所引发的思考

3. 装修投资

行政中心781.74元/m²，其中举架8~9m高的占三分之一。礼仪厅堂，12096.77元/m²，其中五分之一为9m高。

4. 建筑形式

行政中心：框剪结构，大跨度顶部为钢结构，国产隔热型钢幕墙和钢窗、双玻，局部石材墙面基本上是穿的薄衣服。超尺度的空间效果穿插其间，有相当的震撼力，空间关系的流动性和灰空间的效果很有感染力，但八柱空廊和大台阶，仍让人一看便明白这是一个权力机关。

礼仪厅堂：全钢结构、进口隔热型钢、真空玻璃幕墙、大面积的石材，空廊列柱横贯两侧，典型的薄衣服做成了厚棉袄的样式。占地面积的宽阔，大面积绿化覆盖而更显辽阔，有古典建筑水平伸展的霸气。如有机会靠近它，平民也会顿生好奇心和探究隐密事物的冒险精神。

5. 建筑意义

两者都有"第四"的意义，行政中心是全国第四个直辖市的行政中心（北京、上海、天津、重庆），礼仪厅堂是全世界第四个城市兴建的同功能建筑（华盛顿、伦敦、迪拜、北京）。行政中心是法制社会的体现。礼仪厅堂是表达国际交往中迎来送往的地方，相对封闭的场所代表了礼仪社会较为繁琐、对等，形式大于内容的重要国家形象，在礼仪交往中能留下最深刻印象的地方。

两者都含有某种政治的权威和特殊的暗示，都是座东朝西的上上位，在夕阳下、余辉里，显得庄重而静穆。但礼仪厅堂多了几分古老大地的宁静，多了几分人文联想。这块大地，整个民族，将在这迎来送往中，演绎着某种衡定不变的东西。肥皂剧也好，经典大片也好，都会使我们的命运撕心裂肺。如罗素所言，"中国人考虑问题，不是以几十年计算，而是以几个世纪计算。"民族与民族交往是他所指，国家与国家的交往是他所思。

6. 装修材料的对比

我的设计，向来只用四种主材：石料、木饰面、乳胶漆加少量金属。很可惜，如此多的新材料、新工艺、新技术、新思想，均不在我服务对象的视觉范围之内。这两个项目也不例外。

行政中心用的山东晶白玉花岗石、白橡木饰面板、立邦乳胶漆、工业白钢氟碳涂层。虽然平均造价781.74元/m²，却因三分之一的装修都在8~39m的高空间，所以用在标准层的费用，只能达到300元/m²左右（图1~图3）。

声学的严格控制，使圆形弯顶变成了百叶效果，在需要声音传达具体内容的地方，不能有古罗马万神庙那样神秘的长时间混响音律。（图1）

玻璃衬钢柱，互有种近的亲好感。（图2）

块无玻璃钢和整的机架其最以挡频响带的必重足抵音混所来不要的搅动。（图3）

吾语

■ 装饰语言越多,越能引出各种各样的话题,使礼仪场面撑得开阔友好(图4)

■ 如果让复杂的纹理达到一种理想的深度,对于一部分人来讲,美感也许会真的出现(图5)

■ 中式元素运用石材的高技术手段来表达,让人感到不中不西,不土不洋的陌生化感觉。(图6)

　　礼仪厅堂的四种主材是:进口莎安娜米黄石材、金影木饰面板、英国的丝绸乳胶漆。少许镀钛金不锈钢点缀其间。单方造价是行政中心的十几倍。因此,附加的装饰较多。两项工程的造型顶乳胶漆后面,都有无机玻璃钢打底,行政中心用无机玻璃钢是为了解决声学问题。礼仪厅堂用无机玻璃钢则纯粹是为了丰富顶棚。

　　7.简约行政中心

　　行政中心(图4~图6)因三个因素变成了简约风格:一是建筑风格所限,建筑构造和建筑空间的形式要求,决定了顺其自然,少加修饰的室内设计风格;二是投资规模决定了限额设计,经济因素决定的,最主要是用户不可能有太多的想法;三是行政中心的吊顶对高度有破坏作用,吊灯是对空高的消耗性占有(图7和图8)。

行政中心与礼仪厅堂设计
——两项工程截然不同的设计手法和材料运用所引发的思考

钢氟涂层金属与色彩的话型加碳参到对中(图7)

吊灯在现代建筑中是不受欢迎的外来物,透明化能消减这种不利(图8)

完全的不为,不如稍有作用(图9)

挖洞后吊上工业不锈钢灯,让格调有一些蹊跷的活泼劲(图10)

公和套处采这的办室门的理取样方希望办室墙在公环里几人分性的现化表(图11)

    极简主义绘画是一种姿态,画可以画到什么都没有,知白守"白"。反叛传统是嘲讽劳动量,它在现代美术史中却只有淡淡的一笔,比起杜尚的小便斗来,其视觉、观念、革命性的冲击力,要小得多。极简主义转换成简约主义,情况就有了很大的改观,境遇也绝然相反。简约主义设计的出现,克服了人们贫富悬殊的社会心理障碍,在技术和资金都无法满足所有人需求的时代,简约主义作为平民化的国际思潮能够为绝大多数人欣然接受,成为美好生活的代名词,成为奢华生活的替代品,成为人人都能攀附的品位高峰。它是看中了价差中人与人的虚荣,命中了无产者的要害,相中了成长中均富的道路。它使我们用最少的钱,完成了一次次富裕的飞跃,也缩短了真富所必经的艰苦历程。我们在可见的时间里,完成了三代穷人的致富梦想。天文数字的建设产品,有了很好的实现途径。技术力和生产力,可以在幼稚期就成熟起来,便于技术传播和规模化生产。如果披上时尚的外衣(这件外衣是可以经常换的),其社会适应力就可想而知了(图9~图11)。

吾语

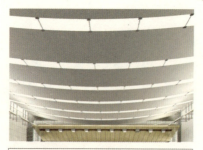

■ 反弧型留足中间的大肚皮,消纳一堆的设备,是设计的初衷(图12)

简约风格可用两种办法来设计,一种是无资金上线控制的,以稀缺唯有、边缘的用材,出高价也在所不惜,用笔极少,用料极奢,往往业主的胆识要大于设计师的胆识。这是简约的少数派。另一种就是只有老老实实,不用多想,用最少的钱办众口难调的事,一点一滴,从设计用笔,到材料的选择,都用大众的手法,平常的心理来实现。一些点、一些面,稍加修饰就有所作为,容不得半点多余的附加物(图12~图14)。

行政中心就是这样,设计被预算反复推翻,设计的上限就是预算的底线,见皮、见肉、见骨头。为让业主对设计的最终效果做到心中有数,举出若干外国政府议会大楼的成功案例来分析、来探底。最后,一位主管业务员的话算是搞懂了简约的天机。也好"可持续发展",将来有了钱还可以改。这就是简约的国情,事情可能还会变。

8. 蘸水皇城文化,幽情民间工艺

礼仪厅堂的设计,让我想了许多,查阅了许多资料。康熙大帝可以说是玩物"不"丧志的天下第一人。玩遍了天下的珍奇异宝,熟识了民间的技术财富,只要喜欢,就搬到宫廷建设,连那些有内檐装饰的朝廷正殿寝宫,都充满了玩家的致趣。

有清一代的国门洞开,如今国门大开,流行"混杂文化",有不少的人,仍怀着亡明的纯种汉人心态,戏谑当今文化为"康熙文化"。装修这行平凡的设计工作,现在到了有点像搞事业、搞观念、搞学术,甚至有点搞派性、搞现代派性味道。装修设计原本如工匠一般心细繁琐的活路,也要拔高到哲学的高度,在建筑的肚皮里,客气的建筑师一再说装饰只是一层皮,不客气的建筑师则强调是"一层薄皮",有时可以薄到一层透明的皮,室内设计师却要想的比做的多,时常也干些令建筑师很反感的空间游戏。如果不这样那样,如果不表达点这样那样,似乎就抬不起头,像我这样或那样,愿意为出资人多动点手脚,淫浸在"康熙文化"的民间物质中把玩,与工匠为伍的人,看来是不会时尚的。

许倬云老先生感叹一部中国建筑史就是一部手工艺史,真的并不为过,只是"康乾"趣味,把这部史玩到了极限,玩到了理论上,公私不分,玩到了新技术大白于天下的那一天。

在我的价值观里,这样的趣味要求永远也不过分,新技术、新知识带给我们的,不是对它的抛弃,也不是扬弃,而是在可能条件下的尽善尽美,出资人想像力范围之内、之外的事都要做,而且要做到位,出资人的需要就是我的志愿。

什么是礼仪?日常生活起居,人事交往中最原始、最直接、最简单的事物,在效率很高的忙人看来大可不必的东西,硬要加上若干麻烦也不过分的装饰行为、装饰语言,就有了好看中听的装饰效果,就是礼仪所然。对于礼仪厅堂的设计,就是基于这样的想法。

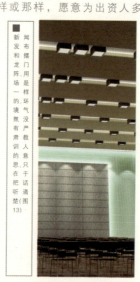

■ 闻布摆门用是样环气没严教人意只于话听清楚(图13)

■ 纤细的旋转楼梯,依在块结墙附大的构上,刻有意对比追的求(图14)

行政中心与礼仪厅堂设计
——两项工程截然不同的设计手法和材料运用所引发的思考

悉数算来,设计份内,匠人所为,这正是我几年来津津乐道的小事,抬出工匠在出资人面前增加自己的份量,拿出绝招技巧提高投标的命中率。

礼仪厅堂,纯粹的行礼场所。以往的经验告诉我们,在陌生人面前,在关系到位和不到位的熟人面前,在时间紧张和时间充裕的情况下,人们的言谈举止,都有无话找话,心甘情愿让装饰大于直白的时候。轻松的话题,谈国家大事不如扯家常,赞扬对方的衣着装束、言谈举止,不如扯天晴落雨、清谈环境友好、气候宜人,不如扯点文化装饰,来得妙趣横生、情投意合。

礼仪厅堂表现盛世中华,表达国家意志,点缀若干便于识别的"康熙"文化,把国家利益推介到个人爱好之上,不是清醒的责任,也够得上"难得不糊涂"。

9.匠气天下

多种工匠手艺的刻意设置,除了爱好、除了教育,恐怕价值的力量最要紧。

"艺匠天下"似高人脱颖而出。"匠气天下"就有脱不开精绝手艺,把事情搞腻、搞匠、搞糊,而失去升华的可能。而我,选择了后者。

(1)景泰蓝

景泰年间的好生活,让憧憬好日子的后人对景泰这个词抱有天生的好感。皇上喜欢、老外追捧,败在了京郊一千多家乡镇企业的手上,面对大堆的滞销品,景泰蓝大师张同禄直叫要断香火。我发现,因铜胎和珐琅加高温炼狱后的耐久性和伸缩性,与石材的天性基本相融,其掐丝工艺和点蓝色彩的随机性,可以溶入或跳出室内环境的整体效果。它的溶于高温的弧面特点,在光滑平坦的墙面上,如胸针、似像章,别在挺阔厚实的礼服上,看来是如此的惬意。对语言的宽度和语境的深度都是有益的(图15和图16)。

(2)水切石材拼图

高压水切石材设备先进、科技进步,离不开工匠的精工雕琢、手艺娴熟,制作出来的图案,有如生长出来的纹理一般,结合得天衣无缝,如果让图案在单曲面或双曲面的石材上起伏跌宕、圆滑多变,就会迎来满堂喝彩、连声叫绝,吸引绝大多数爱在天桥看把式的围观者(图17和图18)。

景泰蓝、钛和石材水切图案联运的合用是一次新尝试。(图15)

景泰蓝腰线的金属底胎,和石材的伸缩性是一致的,不会因暖气的开放变形开裂。(图16)

中式元素运用石材的高技术手段来表达,让人感到不中、不西、不土、不洋的陌生感觉。(图17)

石材水切图案的泛光灯效果、石材浮雕效果和浮雕彩绘描金工艺的综合运用,尽量把这些手法团结在新艺术思想的空气中并希望在华丽与高洁中找到平衡点。(图18)

吾语

(3) 石材浮雕工艺

是对抛光技术的反叛，对平整油滑说"不"，对温润如玉说"糙"的魅力，在引诱我反潮流而动。质感不仅是粗糙，更是无数褶皱的辛劳，一个简单的事物硬要把它搞复杂，搞得大家都很累，不正是古希腊人把石头推上坡、滚下来，又再推上坡的体力游戏和意志考验吗？它让我们从通常的事物中滑落，在山坳里停留、休憩、思想。

(4) 木雕工艺

总是让我们这些前三代都不富裕的人，把纯手工劳作当成奢侈品看待。非生活必需品仍然坚持要用，当成浮华生活的标尺，与出资者心领神会，制造一个老式的新高。东阳木雕娴熟空灵，与太湖石的漏、透、瘦气质完全相通，眼力和腕力并用，让透雕飞扬到惊险、飘逸如游丝一般纠缠不清的地步。北京龙顺成木雕，则是搞大梁的思维，憨憨的、程式化的、满不在乎的，硬木和软木都是同样对待，粗粮细粮绝对不分，而且没有心思来分。但有极佳的眼力，木雕往哪里安，这是长期以来养成的天性，知道品级的重要，心中固有的图式，随便念来，也是一段好经，具有皇家气派。木雕工艺当今继承下来的题材，只剩下了植物一类。人物、动物和神话题材，因文革的教训，大家都长了记性，把它们扫进历史的垃圾堆，再也不用了。

(5) 无机玻璃钢工艺

素色单纯的地面，夸张激变的墙面，都不是设计中一定会胜利的决定性因素。任何时候、任何高度，我们都要拿出最大的勇气，下最大的决心，一定要把吊顶搞上去、要有特色、要上一个新台阶。如今又冷又热、又怕见火，还要提防生人的房子里，一大堆乱七八糟的设施设备，会搞得我们心烦意乱。设备是现实，设备设计者的教条、固执同样是现实。习惯于长期住在瓦屋顶下的民族，木结构填砖的住房记忆消失了，仍容不下平顶一个。认为平顶就是秃顶，设备的露头，就如秃顶长疮，刹似难看，还有几分不祥。因此，在高度许可和不许可的房子里，让吊顶翻云覆雨、变化多端，让设备在隐或半隐中出现，就有了很巧妙的安排。如果在通亮灯光的房子里再巧设一圈反光灯槽，就如在大白天看见天边的鱼肚白，让人进入异常兴奋的艺术境界。这样的视觉效果在公建中、私宅里，都要靠无机玻璃钢。

黑白灰关系中，明暗交界的抹去或留有硬边或圆角，都是我们在上素描的第一堂课就要面临的头等大事。习惯成了自然，在用无机玻璃钢设计吊顶的时候，我们一刻也没有忘记眼睑、泪囊、鼻尖的几何分面。况且，避免压抑的最好方法就是在吊顶上用白色乳胶漆罩面。在整套工艺完成之后，我们就会看见出资者会心的眼神与设计师忐忑不安的眼光，产生出对比和碰撞的美感，以及艺术的能量。

(6) 石材马赛克工艺

我们喜欢它，实话说，免不了有几分盲目。出于对那个绘画高峰时期以前的古罗马艺术的凭悼和追思，对于懂点新派艺术的少数人来讲，确有追根溯源的发现者的视野。对大多数不知其所以然的人群而言，总免不了让人想起密密扎扎、活蹦乱跳的色盲图形来。就算面对米粒大的古罗马石材马赛克镶嵌画，我们也会采取不知是谁提醒我们看油画时"站远点看，一定要站远点看"。我们喜欢密拼的马赛克工艺，因为密拼摹仿自然、滚边模仿岁月。当下还喜欢用石材马赛克工艺，说明我们希望麻烦别人，弱点显现亮点。

行政中心与礼仪厅堂设计
——两项工程截然不同的设计手法和材料运用所引发的思考

■ 华丽的造型顶如果要在整体中求得变化,除了线的运用外,金箔的运用也有拾色的作用。(图19)

■ 电梯应建设方的要求,追求华丽霸气的风格,尽其所能,也就是现在这个样子(图20)

■ 陈设和配置在设计中有点题的作用。(图21)

(7) 沥粉贴金工艺

基本上是自生自灭的本土工艺。手艺人传递到指尖的举、托、挤、压功夫,使沥粉线条有如拉长的蚯蚓附着在物体表面上,最初的操作,很难让人对它产生好感,随着分染直接色和填补原色的处理,用金箔勾勒后,凑近了看,它似一朵朵盛开的鲜花,离远了看才有金碧辉煌、色彩斑斓的感觉。朝阳下、余辉里、灯光中,透过天安门屋檐下防鸟铁丝网,我们仍能感到古代的辉煌和当代的伟大。

(8) 金箔工艺

九九金摊薄到无风飞扬的程度,说明我们对金的无限渴望、无限追求,永无止尽。其真实价值远远低于人们的期待,影响了人们的价值观,干扰了我们的品评标准。这是全世界人的弱点和软肋,有时,由于我们对金箔也采取了随意消费的习惯,泛滥成灾、庸俗难忍。把高贵与庸俗画上了等号。而且有无可救药、无可挽回之势。只有少数几个专业人员,仍在趋之若鹜(图19和图20)。

(9) 镀金工艺

是在鎏金工艺的基础上发展起来的。因水银的险恶,技术又难驾驭,鎏金工艺唱完了戏,镀金工艺登上了历史的舞台。化学革命以后,化学镀金几乎成了高科技的代言人,成本一落千丈,审美也疲劳。商家和设计师的最大本事,就是调试它的颜色,竭尽全力使之尽量向黄金色靠拢。希望从扰乱黄金市场的勾当中,捞到价值之外的好处。有时,我们看见整幢楼的金属幕墙,都是化学镀金的效果,相比之下,故宫用琉璃制作的金瓯要耐看多了。

(10) 铜腐蚀工艺

任何图案,在铜腐蚀工艺下,能显出铜板的厚度,说明用料实在,值得夸耀,但设计师往往用麻点来填充背景,给人腐蚀很深的假象。识别安装到位的铜腐蚀厚度的主要方法,是在镜面的高光中,看它反射的光斑,到底坑坑洼洼,还是平滑如镜,眼力决定能力。

(11) 玉雕工艺

极其缓慢而源远流长的历史,都没有磨灭我们对玉的向往、追求和赞美,以至达到痴迷的程度。玉中之最为和阗羊脂玉,现实里,据说正有两千多辆推土机挖掘河床和河泛区到十米的深度,在疯狂地寻淘最后一批羊脂玉。在玉碎与瓦全的选择上,全民族爱玉的人们绝对从来也没有站错过队。玉仿佛就是我们民族的真正图腾和信仰的归宿。民族性格特征中:保全面子、节俭持家、勤劳刻苦、含而不露、温文而雅、丝般柔顺、顺而不从、不紧不慢、随遇而安、能忍且韧、知足长乐、仁爱之心、严肃幽默、技巧游戏,无不是玉文化陶冶出来的全体表象。在"礼遇"的最初行头中,也是"礼玉"为实物佐证。玉文化,我们付出了太多的感情、太多的精力、太多的哀思。在设计中,一遇到玉,就会看到一张张笑脸,几乎没有不同意见,你中有我、我中有你,人养玉、玉养人,简直一团和气,什么问题都会随玉而安。我们看到工匠的精雕细琢,就像看到巧夺天工的生命消费(图21)。

吾语

用人造树脂材料摹仿玉璧的效果，用浮雕的厚薄透光和弱光的变化，表现玉雕由里到外的自然发光形象，似乎有几分冒险，经过几轮的试验，有了较好的结果（图22）

（12）透光石雕工艺

十足的舶来品，玉雕的放大摹仿，直白、外露、无品行修养。用玉文化的眼睛观察，玉雕有由里向外、微微外渗的泛光，时常带有体温的情感，我们能从玉的泛光中看到它的成长变化，看到它只有不断成熟，永无衰败的迹象。它寄托了我们冥冥中无限的可能，看到生命的有限希望。而透光石雕，取决于外光内光的强弱影响力，连光源我们也嫌它粗糙难忍。只是在大概齐的华丽环境里，让它来制造热烈的气氛，制造玉一样温情的假象。透光玉雕，用在厅堂里，自发光芒，照耀自己，辉映其他。但有一点是肯定的，设计师和出资人，都不能像对待玉一样，容忍它的瑕疵和败笔（图22）。

（13）水晶工艺

奥地利施华洛奇的斯特劳斯水晶、斯必加水晶、AQ水晶，与八音盒、卷草纹、金丝绒从来就相厮相守、形影不离。如果有了它会顿生品质、品格、品行的力量幻觉，仿佛来到人间天堂。用清泉洗尽眼球，看什么都高贵，什么都奢华。用宇航员的火眼金睛，也很难识别的炫彩，是斯特劳斯水晶夸大的亮点。由于含铅量低的技术突破，几乎可以和天然水晶混为一谈，但实际身价要低得多。埃及水晶在价格上压得国产水晶透不过气来的假富豪，其最大的优点莫过于眼得得正，有安全可靠的正眼。国产水晶，只要渡过打正眼这一关，它的身段和价值，看起来大致是好的，也算上撑得起面子的装饰水晶。

一般来讲，水晶吊挂在金属支架上，有各种各样的造型。基本上你能设计出来的花样，厂家都能给你实现。但水晶和支架、光源的关系有两点是先决条件：第一，必须有足够的水晶量，支架外露越多越显穷酸，如果房间的光辉，没有通过水晶过滤而直接看灯泡，就等于你有了一套盛装，永远拿在了手上；第二，如果你选择的水晶是片珠，而不是水晶球体，灯光没有完全在水晶的反射作用下充分溶解、均洒，就如同你穿的只是一套网眼很大的礼服，内衣被人看得一清二楚，私寝的衣服穿到社交场合来了。

（14）"低个人因素"是行政中心和礼仪厅堂共同的政治特征。

行政中心（办公楼、会务大厅、议政厅）和礼仪厅堂（会见厅、接见厅、宴会厅、国宾馆）都体现政治环境的当代性。决定了时代风格的局限性、视觉文化的某些滞后现象，政治审美的趋同现象，与中国大一统的观点一脉相承。到目前为止，行政中心和礼仪厅堂，还没有一个地方政府和中央单位愿意把自己划出来，作为另类创新标榜。

领导人的"低个人因素"和"高个人因素"，对国家建设的影响是不同的。因此，在建设项目中的侧重点也不一样，前者是文明社会、既民主国家的主流风格，后者是古典时期政治强力人物意志的体现。"低个人因素"注重风格特征的一般规律，平和而通俗，有瞻前顾后的特性；"高个人因素"则注重风格的独特性，注重创造符合人格魅力的、创造性的，由个人因素的喜好来决定的风格。

有趣的是，中国古典时期的建筑环境，并没有因历史强力人物的出现，体现出"高个人因素"的设计风格。每一个政治人物都遵循统一的、"低个人因素"的、承前启后的执政风格、建筑风格和室内环境风格。几千年来，循序渐进、环状思维，以至永远，成为世界古典建筑艺术的特例（图23和图24）。

作为现行政治制度的办事和行礼场所，这种不偏不倚，风格既不突出，也避免流于平淡的中庸环境设计，仍是管理型政治审美

>> 行政中心与礼仪厅堂设计
——两项工程截然不同的设计手法和材料运用所引发的思考

的主要特征。个人品格和个人魅力退居次要位置，主流思潮会以更加"低个人因素"在这一时间段里发挥重要作用。

象征和隐喻、简单和繁杂、直白和曲折，都统一体现于政治权力和执政能力这一共同因素中，茕茕孑立，有别于任何其他机构，行政机关的普遍有效原则，通俗识别，直接认同，是通过建筑和室内环境来体现职位、地位、权力的文化放大器。

有关"法制与礼制"的精彩描述，请看钱穆老先生《湖边遐思录》，本文不加赘述；有关中国古代官场文化的阐述，请看毛建华《乌纱.龙袍.大堂》；有关早期外交礼仪的真实情况可查阅阿兰·佩雷菲特的《停滞的帝国——两个世界的撞击》中大段大段的描述和分析。有关设计里面的专业传统参考丛书，更可以经常翻一翻《中国古代建筑技术史》、《故宫内檐装饰》。如果要了解外国建筑动态，每一期的《世界建筑》恐怕是不能遗漏的。我们常说开卷有益，什么书都可以当成字典，我认为那是不够的，要看你是否通过书，抛弃教条，进入你所希望的"设计状态"。

有感于教学实践中的问题，本文拐到工艺技巧，稍加提示，希望引起学生注意，没有更多想法。我们室内环境设计这一行，说穿了是远离大师、贴近工匠的行业，技巧大于观念，数位细到毫米，不见空间见六面，成堆成摞的方盒子要我们去处理、去变脸……

■ 人工光源在物体上的不同变化,因角度、因质感色彩而变,烘托出主题的华丽感、装饰感（图23）

■ 传统与当代，华丽与简约，始终是一道难题（图24）

吾语

重塑装饰材料的视觉肌理

>> 邱晓葵

- 中央美术学院建筑学院副教授
- 中央美院建筑学院第六工作室主任、硕士研究生导师
- 中国建筑学会室内设计协会会员、高级室内建筑师

》》 重塑装饰材料的视觉肌理

"我们握在手中，看在眼里的一切东西，之所以能够成形，都要归功于材料的存在。材料就在我们身边，环视四周，我们平常已经习以为常的世界是由各种材料组成的❶。" 材料几乎在我们所设计的每个项目中扮演了非常重要的角色，也为我们看周围的世界提供了一种基本途径。

提起材料，不同的人会有不同的反映，比如同样是"花岗岩"，一位工程师所关心的是材料的技术性能（密度、吸水性、抗冻性、抗压强度、耐磨性）及化学成分；一位家庭主妇最关心的是此材料是否含有放射性元素，能否形成对家人的伤害及价格因素；一名石材厂的工人关心的是材料的加工属性、规格和等级，是否存在加工难度；一位室内设计师则会首先关注材料的视觉效果和对于空间的塑造能力、艺术表现力和给人的心理反应等等。事实上，能够提供给室内设计师应用的材料很多，但能够达到提升室内环境艺术氛围的材料都凤毛麟角。目前市场上的装饰材料还远远达不到室内设计师所期望的艺术表现力。近几年来，我们经过对装饰材料的调研分析和在教学中进行的材料材质设计实验，发现了一些有趣的现象，那就是利用现有的材料，在其表面进行加工处理，能够改变材料原有的形态，从而达到扩大装饰材料取材范围的目的。并且我们也注意到了在建筑、景观、室内设计领域及装置艺术中，已经有许多在利用材料材质方面很好的作品实例。

众所周知，装饰材料能满足人们对环境物质和精神层面的共同需要。材料类似于服饰，只不过服饰是给人"穿的"，而装饰材料是给建筑"穿的"。服饰不仅满足了人的保暖、遮羞的基础功能，还有美观修饰、体现穿者品位、身价的作用。装饰材料也是一样，它首先要有基础的功能，比如隔声、防潮、耐腐、耐磨等，在满足了基础的功能后，它的装饰功能就显得格外重要了。所以利用材料内在的特性（原有属性）和外在的艺术装饰形式（人为创造），创造出的空间能从审美角度给人极高的精神享受，使人心境舒畅，并由此掩饰和弥补原有空间上的缺陷和不足，给坚硬冷漠的室内空间增添柔和、温馨和融洽的元素。另外，装饰材料的个性特征可以直接影响到室内空间的风格取向，每一种材料都有自己的特有属性，以往我们对于材料持有一种呼来唤去的高傲态度，从未真正地去感受和了解它，其实每一种材料都有它各自的语汇，有各自的应用文化背景，有它存在的自身价值。也就是说没有任何一种材料是过时的、廉价的，经过少量的加工改造完全可以给人一种新的视觉体验。

作为一名室内设计师都知道装饰材料的选择与确认会直接影响到一个项目的工程造价，所以材料的选择常常要屈从于工程预算，这是很现实的问题。然而单一或多种的材料选用是因设计理念而确定的，廉价合理的材料应用要远远强于高价豪华材料的堆砌，当然高档的材料合理运用可以更加完美地体现理想的空间氛围，但并不等于低预算就不能创造合理的设计，关键是能否恰如其分地运用材料，最大限度地发挥材料各自的优势，能够充分显示出设计的作用和魅力。所以设计师要在室内设计创作中探索新构造、新技术领域，开拓新的材料来源，以期在室内环境中能出现不同形式的空间界面。

❶ 胡小惟，朱林，张佳.材料改变生活.产品设计；2006；34；33.

吾语

■ 顶棚镜面装饰效果之一(图1)

■ 钢丝网（图2）

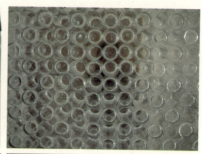
■ 玻璃杯装饰隔墙(局部)（图3）

■ 顶棚镜面装饰效果之二（图4）

　　另类的材料运用手法是区别室内设计一般化的极好办法，我们用一些实例进行说明：如图1所示，乐亨赛富公司办公室中镜子吊顶的处理手法，完全是对镜子传统功能性的推翻，它有效地增加了空间的透视感，成倍提升了室内高度，使人有种在现实与幻觉中穿行的感觉。另外，我们还可以利用建筑结构上常用的材料作为装饰材料予以应用，像混凝土、钢丝网、槽钢、黏土砖等等。如图2为某外国驻华机构办公楼走廊的吊顶处理，采用钢丝网对顶部风道、管线进行视线上的遮挡，同时也创造出了特殊的现代办公形象。其实，装饰材料的范围没有严格的划定，原本非装饰材料的材料，把"它"用在特定的空间中，"它"就成了装饰材料。像玻璃杯是人们日常生活中接触较多的器具，多数的时候是用它来喝水的，而图3我们看到的却是用玻璃杯做成的室内隔墙，这时玻璃杯就算是很出效果的装饰材料了。所以作为一名设计师不能局限于那些现成的材料，要勇于探索发现，勇于开拓创新，协调材料与材料之间的关系，尝试身边的非常规材料作为装饰面，发掘其中所暗含的发展空间，只有这样，我们以后的常规材料才能越来越有拓展空间（开发的价值）。再者运用装修构造材料作为装饰面材的使用，也是一种途径，如图4所示，五星级酒店的电梯间吊顶采用了中密度板作为材料，不但没有使人感到廉价，相反与酒店暖色的照明环境非常融恰。另外材料质感的组合，在实际运用中也能给人以新鲜感。比如木材质感的桃木、梨木、柏木，因生长的地域、年轮周期的不同，而形成纹理和色泽的差异。这些相似肌理的材料组合，会得到不同的空间效果。图5京城某公寓的样板间采用了多种木材色彩纹理的组合，给人带来了丰富的材料视觉感受。以上的几组材料的使用方法是打破传统的选材模式和材料表现的手法，利用的是材料本身的质感进行加工与改造，可以说现在的边缘材料很有可能就是未来的主流材料。

　　以往人们利用材料的质感在很大程度上是为了满足精神方面的要求。如大量使用不锈钢、磨光花岗岩等反光性能特强的材料，无非是要衬托环境豪华、夺目，使人们的情绪更加活跃和激动；大量使用竹、藤、砖石等材料，则是要让环境典雅、宁静，造成一个耐人寻味的氛围；

》》 重塑装饰材料的视觉肌理

大量使用新材料,有展示经济实力,显示科技进步的意义;有意使用传统地方材料,则是更多追求与历史和自然的联系。

经过分析发现,在我们周围的生活中存在着两种类型的材料,一种是常规型材料,经常要用的材料,比如涂料、花岗石、木材、瓷砖、玻璃等,人们已经"司空见惯"的材料;另一种类型是反常型、偶然使用的材料,通俗的说就是能令人耳目一新的材料。比如树枝、绳子、泥土、冰、毛皮等等,这类材料出现在室内环境中往往能引起人们的注意,或是吃惊,或是慨叹,一般人在吃惊、慨叹、嬉笑之后就遗忘了。然而一个室内设计师必须把这些牢牢地捕捉住,存入自己的记忆库,等到有机会时应用。这些是原创设计的火花、亮点,能使设计显示出异常新鲜有趣的设计细节。在日常生活中只要稍加注意,找到这类材料和发现能够应用的这类材料并不是很困难,只是要求设计师能打破常规,头脑中不能有条条框框。必须说明,这类材料的使用对象会有很大局限,用得多和用得频繁也同样会使人生厌。那么,常规型的材料是不是不能做出好的空间效果呢?是不是不能用了呢?其实正相反,如果能把这类材料用好就更可贵了,很多大师级的设计师专门爱用别人常用的材料,如果用得好、用得妙,用得有新意,那将是不同一般的成功之作。当然,这就需要设计师有更高的艺术造诣了。一个设计师要想有不衰的创造力,只找到偶然使用的材料还不够,要通过生活现象看到事物的本质,有价值的材料就像璞中之玉,只有剥掉石层,才能见到美玉,才能从平凡的生活里找到不平凡的材料。

■ 顶棚镜面装饰效果之三(图5)

我们知道每种材料的质感都存在两种基本类型,即触觉和视觉。触觉质感是真实的,在触摸时可以感觉出来;视觉质感是眼睛看到的,所有的触觉质感也给人们视觉质感。一般不需要触摸就可感觉出它外表的触感品质,这种表面质地的品质,是基于人们对过去相似材料的回忆联想而得出的反应。触觉的柔软感能使人感到亲近和舒适;造型线的曲直能给人以优美或刚直感;形的大小疏密可造成不同的视觉空间感,不同的材质肌理产生不同的生理适应感。有时完全相同的造型,材料不同时会产生完全不同的效果,甚至尺度大小、视距远近和光照在我们对材料质感上的认识,都是重要的影响因素。而材料的肌理越细,其表面呈现的效果就越平滑光洁,甚至很粗的质地,在远处看去,也会呈现某种相对平整效果,只有在近看时才可能暴露出质地粗糙程度。在选用材料时,空间中有些位置没必要非得用高档豪华材料,相反一些既普通而又适宜的材料反而会显得恰如其分,相得益彰。充分利用装饰材料的这些因素,能营造出某种符合人们功利目的的室内环境氛围。材料因为体现了本性才获得价值,材料的质地和肌理可以加强空间环境效果,并使它的基本形象更具有意义。

各种材料由于其材质及制作工艺的不同,会呈现出不同的质感。但通过室内设计师的编排和组合,再由工人加工后,就会呈现出不同的"表情"。比如,以某种材料为主,局部换

吾语

■ 学生在实验室加工材料样板之一(图6)

■ 学生在实验室加工材料样板之二(图7)

一种材料，或者在原材料表面进行特殊处理，使其表面发生变化(如抛光、烧毛、剁斧等)都属于肌理变化。有时不同材料肌理的效果可以加强导向性和功能的明确性，可以影响空间的视觉效果。肌理是由材料和触感的关系而产生的，它包括我们常说的手感、触感、纹理及质地等用语，然而肌理的效果往往通过视觉观其纹理而觉察到它们不同的质感。

"材料材质的实验课"就是对材料肌理设计方面进行了一些尝试，是我们在中央美术学院建筑学院教学中为室内设计专业打造的材料多样性的初探，试验本身也是对于传统的挑选材料模式的一种发展，关注装饰材料创作训练的精神体验是我们试验的目的之一。我们在教学实验中引导学生从容地审视陌生的材料领域，以他们多年的艺术学习基础素质及智慧拉动材料材质训练的兴奋点，整个学习过程不是模仿而是创造，在过程中体验材料的硬度、耐水性、耐磨性，在材料加工制作中发现材质的精神品质，为精神创造。我们发现材料质感的粗糙程度可以唤起人们对材料表面的触觉，也就是肌理效果。改变材料表面的肌理效果，这往往是利用低档材料去追求材料豪华、贵重效果的一种方法，肌理变化可说是最为简便的一种方法。

材料的再设计是需要有一定想像力的。"想像力是如同诗歌一样的艺术表达方式，但决不是对现实的扭曲。想像力应该能够体现出个人对于现实世界的认知、看法以及掌控的程度。想像力来源于时间与空间的组合，来源于对信息的接收，来源于个人的知识与修养[1]。"尽管艺术家并不总是很懂科技，但他们却是最有可能使用新材料和形式实验，寻求一种达到他们的创作目标的新途径[2]。当艺术侵入生活的细节，所有的一切都将发生变化。纯粹的功能主义已经消逝，美学原理应功能之外让生活的细节变得更加富有趣味，无所不在地渗透在每一个设计细节中，让我们以另一种视角去看待材料及其创新的无限可能性。

"材料材质的实验课"是以解决问题为中心而展开的设计教育活动，材料

[1] 约瑟夫·思考利博士（Dott.Arch.Giuseppe Scarri）.设计师的使命.
[2] 安德鲁·谭特 Andrew Dent 李伟译.材料的力量.产品设计,2006. 34: 35.

>> 重塑装饰材料的视觉肌理

课的一个重要特征是让学生参与动手的制作过程,完全改变以往那种只绘图不动手制作的陈旧教育方式,使学生对于视觉的敏感性达到一个好的水平,也就是对于材料、结构、肌理、色彩有一个科学技术的理解,而不仅仅是个人的见解。以往教学训练内容的模式化催眠了有创造力的准设计师们,同样也催眠了他们年轻的艺术创作生命,以材料的多重肌理来丰富视觉和情感,或许也丰富了我们的精神世界,以朴素与真诚的实验来寻求方法、淡化内容、丰富视觉,重视实验过程的体验,让学生进入了一个全新的设计境界,模糊传统材料应用的界限,制造样式化、形式美,使更多的学生深感鼓舞,他们对材料创作的感知,必将给未来行业发展带来新的视觉体验,设计实验的终极目标在于感知材质的创造及精神。我们不是把训练本身当作目的,训练的最终目的是具有实践可能的设计,让学生充分做好去面对现实生活的准备,学生将在实干的过程中去学,他们将与比较有经验的人进行合作,通过实际制作材料样板来学会一些东西(图6~图16)。

在今后的课程设置中我们还会建立与企业界的联系,使学生能够体验生产与设计的关系,开创室内设计与生产的密切联系,能够小批量生产学生的作业成果。我们希望学生在整个教学过程中学习如何能使自己设计的材料样块投入到大规模的生产,并且了解此材料能够产生的附加价值,他们有将这种附加价值注入机器产品的能力,以创造出室内设计的新形式。

■ 学生在实验室加工材料样板过程中(图8)

吾语

■ 学生作业加气混凝土肌理之一(图9)

■ 学生作业加气混凝土肌理之二(图10)

■ 学生作业加气混凝土肌理之三(11)

■ 学生作业加气混凝土肌理之四(图12)

■ 学生作业加气混凝土肌理之五(图13)

>> 重塑装饰材料的视觉肌理

■ 学生作业镜面和沙网材料样板(14)

■ 学生作业木材材料样板(图15)

■ 学生作业石膏与玻璃球材料样板(图16)

图书在版编目(CIP)数据

材料悟语　装饰材料应用与表现力的挖掘/清华大学美术学院装饰应用材料与信息研究所.-北京：中国建筑工业出版社，2007
ISBN 978-7-112-09478-3

Ⅰ.材… Ⅱ.清… Ⅲ.室内装饰-装饰材料-文集 Ⅳ.TU56-53

中国版本图书馆CIP数据核字(2007)第105402号

责任编辑：唐　旭　李东禧
整体设计：倦勤平面设计工作室
责任设计：孙　梅
责任校对：关　键　安　东

材料悟语
装饰材料应用与表现力的挖掘
清华大学美术学院装饰应用材料与信息研究所

*

中国建筑工业出版社出版、发行（北京西郊百万庄）
各地新华书店、建筑书店经销
北京方嘉彩色印刷有限责任公司印刷

*

开本：889×1194 毫米 1/20　印张：9⅜　字数：300千字
2007年9月第一版　2007年9月第一次印刷
印数：1—3000册　定价：59.00元
ISBN 978-7-112-09478-3
(16142)

版权所有　翻印必究
如有印装质量问题，可寄本社退换
（邮政编码 100037）